Computer and Web Sciences Library ①

コンピュータの しくみ

情報活用能力とは何かを考える

佐藤 一郎 著

サイエンス社

編者まえがき

　文部科学省は 2020 年度に小学校においてもプログラミング教育を導入するとしました．これは，これからの社会を生き抜くためには，すべての国民がコンピュータとWeb（ウェブ）に関して，一定の「リテラシ」を身に付けておかねばならないという認識の表れと理解します．この Computer and Web Sciences Library 全 8 巻はそれに資するために編纂（へんさん）されました．小学校の教職員や保護者を第一義の読者層と想定していますが，この分野のことを少しでも知っておきたいと思っている全ての方々を念頭においています．

　本 Library はコンピュータに関して 5 巻，Web に関して 3 巻からなります．執筆者にはそれぞれの分野に精通している高等教育機関の教育・研究の第一人者を充てました．啓蒙書であるからこそ，その執筆にあたり，培われた高度の識見が必要不可欠と考えるからです．

　また，本 Library を編纂するにあたっては，国立大学法人お茶の水女子大学附属小学校（新名謙二校長）の協力を得ました．これは同校とお茶の水女子大学の連携研究事業の一つと位置付けられます．片山守道副校長を筆頭に，同校の先生方が，初等教育の現場で遭遇している諸問題を生の声としてお聞かせ下さったことに加えて，執筆者が何とか書き上げた一次原稿を丁寧に閲読し，数々の貴重なご意見を披露して下さいました．深く謝意を表します．

　本 Library が一人でも多くの方々に受け入れられることを，切に願って止みません．

お茶の水女子大学名誉教授

工学博士　増永良文

まえがき

　本書は 2020 年度から始まる新学習指導要領における小中学校におけるプログラミングの必修化を鑑みて，教師や保護者向けに企画された Computer and Web Sciences Library の 1 冊です．このライブラリの他の書籍は情報科学や情報工学などの研究者により執筆されていますが，本書も情報学の研究者によるコンピュータの背後にある考え方の解説となります．

　さて，本書のタイトルは「コンピュータのしくみ」になっています．コンピュータは道具に過ぎませんが，道具としてはいささか複雑です．コンピュータで何ができるか，コンピュータをどのように使うと効果的なのかを理解するには，コンピュータのしくみに関する知識が求められます．例えば，プログラミングはコンピュータをその様々な用途に使うための実行手順を作る過程ですが，その実行手順はコンピュータのしくみと密接に関わっています．ただし，本書ではコンピュータの技術的なしくみを説明する意図はありません．むしろ，コンピュータのしくみや使われ方の背景となっている考え方に焦点を当てていきます．いま，コンピュータは様々なところで使われています．例えばエアコンにもエレベータにもコンピュータが組み込まれていますが，コンピュータがどのように働いているのかを解説していきます．

　また，いまどきのコンピュータはインターネットを介して人や社会につながっています．その結果，コンピュータの中身のしくみだけを知ってもコンピュータのしくみを理解したことにはなりません．すでにコンピュータは社会の一部であり，社会の中でコン

ピュータを捉える必要があります．このため，本書ではコンピュータのしくみに加えて，情報モラルを含む，人間や社会側との関係性についても解説していきます．

　本書を手に取っている方々には，小中学校において新学習指導要領に基づく指導を担う教職員や，プログラミング教育の対象となる児童の保護者が多いでしょう．その新学習指導要領に関しては小学校におけるプログラミング必修化ばかりが注目されていますが，新学習指導要領において指導を求めているのは「情報活用能力」と呼ぶ，言語能力と対等に扱われる能力です．「情報活用能力」の詳細については後述しますが，新しい指導対象ということもあり，指導する側も何を教えていいのかと戸惑っていると想像します．また，保護者も不安に思っている方も少なくないでしょう．

　一方，いまどきの小中学生は幼少期からスマートフォンやテレビゲーム機など身近にコンピュータがある生活をしてきています．このため，個別事項に関しては教職員や保護者よりも児童生徒の方が詳しいこともあります．ただ，体系的には学んでいないので，断片的な知識に留まりますし，知らない事項も多いと思われます．このため，コンピュータや情報活用能力そのものを教えようとせずに児童生徒の知識の断片と断片を結びつけることに注力するとよいはずです．このため，本書ではコンピュータのしくみの観点から個別事項の背景や関連性を説明していきます．

本書の構成と情報活用能力

　新学習指導要領の情報活用能力は，コンピュータ等の情報手段を適切に用いて情報を収集・整理・比較・発信・伝達したりする力の

育成を挙げており，それには基本的な操作技能だけでなく，プログラミング的思考，情報モラル，情報セキュリティに関する資質・能力等も含むものとして定義されています．本書では，「情報活用能力」全体に関わることについても解説していきます．

　文部科学省によると新学習指導要領における**「情報活用能力」**には3つの柱，① 知識及び技能，② 思考力，判断力，表現力等，③ 学びに向かう力，人間性等，があるとされており，下記のような指導を求めています．

【知識及び技能】　身近な生活でコンピュータが活用されていることや，問題の解決には必要な手順があることに気づくこと．（第2章）

【思考力，判断力，表現力等】　発達の段階に即して，「プログラミング的思考」を育成すること．（第3章）

【学びに向かう力，人間性等】　発達の段階に即して，コンピュータの働きを，よりよい人生や社会づくりに活かそうとする態度を涵養すること．（第4章）

　本書は「情報活用能力」による3つの柱に応じて章が分かれております．ひとつめの柱となる【知識及び技能】ですが，第2章において身近な生活でコンピュータが活用されている事例を紹介しながら，コンピュータを含むシステムのしくみや問題解決の考え方を説明します．2つめの柱となる【思考力，判断力，表現力等】については，「情報活用能力」の趣旨を尊重して，第3章において具体的なプログラミングの仕方などは扱わず，その代わり「プログラミング的思考」，つまりプログラミングに関わる考え方として，プログラミングのしくみと，そのプログラミングにおいて必要なコンピュー

タのしくみについて解説します．そして3つめの柱である【学びに向かう力，人間性等】は，第4章で情報モラルなどのコンピュータを利用するときの態度につながる内容を解説していきます．

　なお，本書の第2章から第4章の順番は，単に新学習指導要領における「情報活用能力」にある3つの柱の記載順に合わせただけであり，第2章，第3章，第4章はそれぞれ独立して読めるように書かれています．このため，例えば情報活用能力の指導で，コンピュータを利用する事例の参考にしたいのであれば第2章から読まれるとよいですし，情報モラルの教育に参考にされたいのであれば第4章から読み始めても構いません．また，コンピュータや情報活用能力の背後にある考え方を説明するためにコラムを多くしてあります．コラムだけを読んでいただくのでも構いません．

　読者層は小中学校の教職員を含む児童生徒向けのコンピュータや情報に関わる指導に関われる方を想定していますが，小中学生をもつ保護者にとっても家庭においても，児童のコンピュータや情報との関わりに何らかの示唆となればよいと考えております．

　ところで，本書で説明することの大半はコンピュータがなくても児童生徒に伝えられることです．もちろん，楽器の演奏を学ぶときに楽器がないと難しいのと同様に，コンピュータに関わることを教えるにはコンピュータがあった方がいいでしょう．しかし，前述の「情報活用能力」に関しては，たとえパソコンやタブレットなどの端末が1人1台なくても学べることは多いではずです．というのは，我々のまわりでは多様なコンピュータが使われています．前述のように，エレベータの中にもエアコンの中にもコンピュータは使われています．こうした身近なコンピュータの使われ方やしくみを

理解することができます．このため，本書はコンピュータを使わずに「情報活用能力」を教えるときのヒントになるように考慮しています．

用語について

　教育分野と研究コミュニティでは専門用語の表記に相違があることがあります．例えば，前者ではコンピューターが後者ではコンピュータとなります．本書ではなるべく後者に合わせていますが，前者からの資料等の引用では前者の表記のままにしています．

　2020 年 12 月

佐藤一郎

目　　次

サイエンス社のホームページのご案内

https://www.saiensu.co.jp

ご意見・ご要望は　rikei@saiensu.co.jp　まで.

1 はじめに

現代社会においてコンピュータは至るところで使われています．パソコンやスマートフォンはもちろんのこと，エレベータも，電子レンジ，自動車もコンピュータにより制御されています．また，ウェブや SNS などのインターネット上のサービスも，コンピュータにより実現されています．コンピュータまたはコンピュータを内蔵した機器やサービスを使わずに 1 日を過ごすことは，もはや不可能といってもよいでしょう．

1.1 コンピュータとは

コンピュータに関する教科書的な説明は，電子回路により構成された装置であり，与えられた方法・手順に従ってデータの保持・処理などを行う，などになりますが，いまは小中学生の周囲で多様なコンピュータが使われていますし，そうした身近なコンピュータを想像してもらえば，コンピュータとは何かはわかってくれるはずです．実際，**パソコン**，**スマートフォン**，**テレビゲーム機**を含めて，様々なコンピュータの構造やしくみは大同小異です．例えば，見た目こそパソコンとスマートフォンでは違いますが，小さいパソコンを作り，それにタッチパネルつき液晶をつければスマートフォンと同様になりますし，逆に，スマートフォンにキーボードと大きい

ディスプレイをつなげばパソコンと大差ありません．また，テレビ
ゲーム機にしてもキーボードをつけてワープロや表計算用のソフト
ウェアを動かせればオフィスの事務処理は行えるはずです．

　ここで重要なのは，コンピュータは様々な目的で利用され，それ
に応じて様々な機能を提供していますが，コンピュータの機能は
コンピュータが実行する**ソフトウェア**により定義されるため，その
ソフトウェアを変えれば別の機能を実現できることです．例えば，
ワープロのプログラムを実行すればワープロになりますし，表計算
のプログラムを実行すれば表計算をする装置になります．ゲームの
ソフトウェアを実行すればゲーム機になります．

　また，現在，コンピュータの多くはコンピュータ単体で使われる
ことは稀です．確かに，20 世紀においては，コンピュータは計算
機室やオフィスの片隅に用意されたパソコン専用机にありました．
そして，コンピュータを使うときはフロッピーディスクやテープで
データを持ち込み，何らかのデータを処理して，その結果，また，
フロッピーディスクやテープなどで取り出すことが多かったです．
しかし，いまのコンピュータはインターネットなどを通じて外部と
通信を行うことも多いです．また，インターネットだけでなく，セ
ンサ等の外部機器とつながっています．そのため，コンピュータの
内部を理解したとしても，コンピュータを使った系全体を理解する
ことはできません．コンピュータの使い方を知るにはコンピュータ
を含むシステム全体を見る必要があります．

─── コラム ───

学校や家庭にコンピュータは必要なのか

　楽器の演奏を学ぶときに楽器がないと難しいのと同様に，コンピュータに関わることを教えるにはコンピュータがあった方がよいでしょう．ただし，情報活用能力に関しては教育のためのコンピュータがなくても教えられるはずです．学校の場合，情報活用の児童生徒ひとり一人が使うパソコンがないので一律の教育ができないという話になりがちです．しかし，それではいつまでたっても始められません．また，コンピュータはパソコン以外に我々のまわりの様々なところで使われており，そうしたコンピュータも有用な教材になります．

　情報活用能力は学校において新しい指導内容であり，どう指導すればいいかはわかっておらず，新しい試みの連続になります．しかし，日本の組織は概して新しい試みは疎ましがられ，新しい試みによるメリットよりもデメリットの方を指摘されがちです．結果として，前例踏襲，現状維持の保守的になっていきます．さらに，**情報技術（IT）**は日進月歩であり変わり続けています．ある年に効果があった教育が数年後に効果があるとは限りません．このため，その時点で失敗を恐れずに可能な取組みを何でも試してみればいいですし，教育委員会および学校には現場の教職員の新しい取組みを潰さないようにすることが求められます．また，日本の組織は現場を規則で縛りがちです．例えば，パソコンの使い方でもいろいろ規則を作ってしまうことでしょう．学校に求められているのは児童生徒に学びの機会を与えることであり，規則を守ること自体は目的ではないはずです．何が目的なのかに立ち戻って，何をするべきなのかを考えてみてください．

1.2　何を教えるべきなのか

　大学を含めてコンピュータに関わる教育で常に議論になるのは，何を教えるべきかという問いです．例えば，企業におけるパソコンの使われ方を反映してワープロや表計算を教えるべきだという意見もあります．また，情報発信は重要ということでウェブページの作り方を教えるべきだという意見もあります．コンピュータに限らず，一般に教育の内容は未来に対するイメージに依存します．教育内容を決める立場の方々や教職員などの教育を実施する方々が，未来をどのようにイメージして，その未来において必要な知識を教えることになるというものです．例えば，昔の砂漠の原住民であれば，親から見ると子供はずっと同様に砂漠で暮らすと思い，その砂漠で生きるのに重要な知識，例えばラクダの乗り方を子供に教えていたはずです．つまり，親がイメージすること以上のことは教えられないものです．ここで，砂漠が気候変動などによりラクダに向かない環境に変わればラクダの乗り方に関する知識は役に立たなくなります．コンピュータに関する教育も同様です．ワープロが将来においても必須のツールという予想をするのであれば子供たちにワープロを教えることは一定の合理性がありますが，未来においては音声入力の普及により，キーボードはもちろん，ワープロという概念そのものが消失しているかもしれません．コンピュータの技術進歩が早いために，コンピュータに関わる教育の前提となる，コンピュータに関する未来のイメージと現在のイメージは違う可能性は高く，教育内容を決める立場の方々や教職員などの教育を実施する方々の想像力が試されることになります．

　まずは，コンピュータにおいて将来，変わることと，逆に変わらないことを仕分けましょう．後者の中でもより本質的なことにフォーカスするのがよいでしょう．というのは，コンピュータの技術進歩が早いことから表層的な技術は日々変わっていきますが，一方で本質的なことは大きく変わらないのです．本質的に変わらないこととしては，コンピュータそのもののしくみが挙げられます．コンピュータを動かすには，命令の組合せを予め与え，それを実行することになりますが，これは最初期のコンピュータから最先端のコンピュータまで変わっていません．コンピュータの一連の動作，例えば複数のデータの合計を求める，順番に並び替える，所定の条件に合致するデータを見つけるなどの処理の仕方，つまりアルゴリズムも大きく変わっていません♠1．

　また，コンピュータの使われ方も，エレベータやエアコンの制御に使われているコンピュータに関しては，時代とともに付加的な機能は増えていますが，制御そのものに関する機能は変わっていません．一方，使い方，使われ方が時代とともに変化するコンピュータがあります．例えば，スマートフォンは 20 年前に存在していませんでした．そうなると，20 年後，スマートフォンは大きく変わっているかもしれませんし，使われなくなっているかもしれません．

　別の視点として，事実上，変化・進化が止まっているコンピュー

♠1量子コンピュータが実現すれば，いまのコンピュータの本質的なところも変わるといえますが，量子コンピュータの実用化にはまだまだ時間がかかります．また仮に量子コンピュータが実用化されても量子コンピュータで行える処理はごく一部にすぎないため，いまのコンピュータの本式がなくなるわけではないでしょう．

タもあります. その代表はパソコンです. パソコンで使われている主な**アプリケーションソフトウェア**, 例えば**ワープロ**, **表計算**, **電子メール**, **ウェブブラウザ**, **メッセンジャー**は 20 年以上前から使われています. その個々のアプリケーションは進歩していないことが多いでしょう. 例えば, 現在, ワープロや表計算のアプリケーションソフトウェアで通常使われる機能の大半は 20 年前のワープロや表計算のアプリケーションソフトウェアにもありますし, その使い方も大きく変わっていません. その背景はいろいろありますが, そのひとつは, ユーザは一度使い方に慣れるとその使い方が変わることを嫌がることです♠2. ワープロや表計算に限らず, ソフトウェアに革新的な機能を導入しようとすると既存の機能の使い方も変わることがあります♠3. しかし, 多くのユーザは変わることを拒絶する傾向があり, 使い方が大きく変わるような改良ができなくなるのです. 従って, 大きく変わることができなくなります. しかし, 児童生徒はそんな従前の使い方に縛られる必要はなく, 新しいコンピュータや新しいアプリケーションソフトウェアの新しい使い方に挑戦すべきです. その観点でいうと, 児童生徒にワープロや表計算を教えることはお勧めできません. それは大人たちが慣れたコンピュータとその使い方を児童生徒に押しつけることなり, その結果, 児童生徒が 20 年前と大差ないワープロや表計算の使い方に縛

♠2例えば, 自動車の使い方, つまり運転のための操作系は最善とはいえません. 真逆の機能であるアクセルとブレーキの操作方法が同じで配置も近いので押し間違いが起きやすいです. しかし, 運転者は現在の自動車の操作系に慣れており, 変えることは困難になっています.

♠3最近の音声入力の認識精度は高まっており, 児童生徒が大人になる頃にはワープロで文章を作成することはないかもしれません.

られることになりかねないからです♠4. 教職員や保護者を含む大人が，大人の固定観念に捕らわれずに，柔軟にコンピュータとその使われ方，そして使い方を児童生徒に示してあげてください．

=== コラム ===

幼児プログラミング

ピアノやバレエのように幼年期からプログラミングを学ばせようとする保護者がおられますし，そうした需要に合わせて子供向けプログラミング教室が増えています．しかし，プログラミングは実現したい動作などをプログラミング言語を用いて言語化する行為です．子供に言語化する能力がまだ十分でない段階で，プログラミング教育を行うことに効果があるかについて落ち着いて考えてみるといいでしょう．また，プログラミングには論理的思考が不可欠です．プログラミングを通じてその論理的思考を育成する側面はありますが，基礎的な論理的思考が身についていないと，教師の用意したプログラムを写すだけか，闇雲にプログラムを改変するだけになりがちで，論理的思考はなかなか身につかないでしょう．

♠4そもそも，ワープロや表計算は世の中にあるコンピュータの使われ方のごく一部にしか過ぎません．そのワープロや表計算のアプリケーションソフトウェアの使い方を教えても，それでコンピュータの使い方を教えたことにはなりません．

1.3 新学習指導要領におけるコンピュータの扱われ方

　学校の教職員の方ならば説明するまでもありませんが，学習指導
要領に示されている指導項目の書きぶりはいささか抽象的であり，
具体的とはいえません．このため**「情報活用能力」**に関しても，新
学習指導要領とその関連資料からその意図を紐解くのが第一歩とな
るでしょう．また，「情報活用能力」に関しては，その経緯について
も理解しておく必要があります．2017 年 3 月に公表された新学習
指導要領では情報に関わる教育が重視され，例えば小学校における
プログラミング教育が必修化されることになりました．この新学習
指導要領は，小学校では 2020 年度より，中学校では 2021 年度よ
り，高等学校では 2022 年度より順次施行されることになります♠5.

　さて，その新学習指導要領は小学校におけるプログラミング教育の
必修化が話題となりましたが，新学習指導要領における情報に関わる
指導項目の大きな柱は「情報活用能力」と呼ばれるものであり，その
位置づけは同要領の総則において「児童生徒の発達の段階を考慮し，
言語能力，情報活用能力（情報モラルを含む）等の学習の基盤となる
資質・能力を育成するため，各教科等の特性を生かし，教科等横断的
な視点から教育課程の編成を図るものとする」としており，「言語能
力」と同様に「学習の基盤となる資質・能力」を高い位置づけにおき，

♠5このスケジュールは，政府の産業政策となる「日本再興戦略 2016」（2016 年 6
月 2 日）[1] において，プログラミング教育を「第 4 次産業革命の波は，若者に「社会
を変え，世界で活躍する」チャンスを与えるものである．日本の若者が第 4 次産業
革命時代を生き抜き，主導できるよう，プログラミング教育を必修化するとともに，
IT を活用して理解度に応じた個別化学習を導入する．」のもとに，プログラミング
教育の必修化など新しい学習指導要領の実施として，上述の小学校，中学校，高等
学校の開始時期を定めたものとなります．

小中高等学校等の教育課程において指導することを求めています.

その「情報活用能力」ですが,2018年7月に文部科学省より公開された小学校学習指導要領（2018年告示）解説・総則編（51ページ）において,以下のように解説されています.

> 情報活用能力は,世の中の様々な事象を情報とその結び付きとして捉え,情報及び情報技術を適切かつ効果的に活用して,問題を発見・解決したり自分の考えを形成したりしていくために必要な資質・能力である.将来の予測が難しい社会において,情報を主体的に捉えながら,何が重要かを主体的に考え,見いだした情報を活用しながら他者と協働し,新たな価値の創造に挑んでいくためには,情報活用能力の育成が重要となる.また,情報技術は人々の生活にますます身近なものとなっていくと考えられるが,そうした情報技術を手段として学習や日常生活に活用できるようにしていくことも重要となる.情報活用能力をより具体的に捉えれば,学習活動において必要に応じてコンピューター等の情報手段を適切に用いて情報を得たり,情報を整理・比較したり,得られた情報を分かりやすく発信・伝達したり,必要に応じて保存・共有したりといったことができる力であり,さらに,このような学習活動を遂行する上で必要となる情報手段の基本的な操作の習得や,プログラミング的思考,情報モラル,情報セキュリティ,統計等に関する資質・能力等も含むものである.こうした情報活用能力は,各教科等の学びを支える基盤であり,これを確実に育んでいくためには,各教科等の特質に応じて適切な学習場面で育成を図ることが重要であるとともに,そうして育まれた情報活用能力を発揮させることにより,各教科等における主体的・対話的で深い学びへとつながっていくことが一層期待されるものである.

この解説からわかることは,「情報活用能力」を,児童生徒が情報を主体的に捉え何が重要かを主体的に考えるとともに,その情報を

活用しながら他者と協働し新たな価値の創造を生み出すという，広い活動や態度を想定しています．一方で，情報活用手段，例えばパソコンなどの機器の操作の取得は目的ではないことになります．また，「情報活用能力」のひとつであるプログラミングに関しても，言及されているのはプログラミング的思考であり，プログラミングそのものではないことも留意すべきです．

　なお，文部科学省によると「情報活用能力」は 3 つの柱，「知識及び技能」，「思考力，判断力，表現力等」，「学びに向かう力，人間性等」に分けられるとされています．そして，「はじめに」で説明したように，同省が小学校におけるプログラミング教育の指針を示した「小学校プログラミング教育の手引（第三版）」において，プログラミング教育に関しても，この 3 つの柱に沿って次のように整理し，発達の段階に即して育成することを求めています．

1.　**知識及び技能**：身近な生活でコンピュータが活用されていることや，問題の解決には必要な手順があることに気づくこと．

2.　**思考力，判断力，表現力等**：発達の段階に即して，「プログラミング的思考」を育成すること．

3.　**学びに向かう力，人間性等**：発達の段階に即して，コンピュータの働きを，よりよい人生や社会づくりに活かそうとする態度を涵養すること．

　まず，1. については身近な生活でコンピュータがどのように活用されているのかを例示することで，教室のパソコンやスマートフォンだけがコンピュータではないことを伝えることが重要となるはずです．また，2. については第 3 章で解説しますが，プログラミングそのものではなく，プログラミング的思考であることを留意する

ことが重要です．そして，新学習指導要領におけるのプログラミング的思考が意図していることを理解することが第一歩となります．3. については，いわゆる情報モラルを身につけることが求められます．本書では，1. を続く第 2 章において，2. を第 3 章において，3. を第 4 章で扱っていきます．

―――――― コラム ――――――

プログラミング教育のベストプラクティスの共有が難しい理由

　世の中では，教育に限らず，先駆事例で優れたもの，つまりベストプラクティスを真似することがよいとされています．文部科学省も新学習指導要領に基づく小学校におけるプログラミングのために事例集を出しています．他の分野と違い，プログラミング教育においてはベストプラクティスを参考にしてもうまくいくとは限りません．その理由ですが，プログラミング教育は人に依存するからです．児童生徒が作ったプログラムは何らかの不具合などがありえます．そのときに指導役に求められるのは，そのプログラムを眺めて問題点を見つけてあげることです．しかし，人が書いたプログラム，それもクオリティが高いとはいえないプログラムを読むこと，そして問題点を指摘してあげることは簡単ではなく，指導役にはそれなりのプログラミング能力が必要になってきます．実際，プログラミング教育のベストプラクティスとされる事例について事情を伺うと，その事例を提案・実施した教職員にプログラミング経験があるか，そこまで行かなくても個人的にもコンピュータに強い関心・興味があり，それなりの知見をもっていたケースが多いようです．こうした事例をプログラミング経験のない教職員が真似てもうまくいくわけではないのが現実です．従って，授業においてプログラミングを行う場合，教員がプログラミングに慣れていないのであれば学校外を含めてプログラミング能力のある方に授業を支援してもらうことを検討すべきですが，それも難しい場合，プログラミング経験がない方が実施した事例を見つけてそれを参考にされることをお勧めします．

――― コラム ―――

新学習指導要領に関わる誤解

　2017 年 3 月に公表された学習指導要領改訂は，小学校における
プログラミング教育の必修化という部分だけが一人歩きをし，いく
つか誤解が生まれているようです．

誤解 1. 情報またはプログラミングに関する教科ができる

　一部の民間プログラミング教室などは，情報に関する教科が新設
されるなど大げさにいい，保護者の不安をあおったところがあるよ
うです．しかし，新学習指導要領で求めているのは「情報活用能力」
を教科横断的に育成すること，つまり，算数（数学）や国語，理科，
社会，総合的な学習などの既存科目の中で，何らかの「情報活用能
力」に育成に寄与する内容を盛り込むこととなり，小学校において
情報やプログラミングに関する新たな教科ができるわけではありま
せん．

誤解 2. プログラミング能力は成績に反映する

　小学校でプログラミング的思考が必修化しますが，小学校卒業ま
でにプログラミングや情報活用能力についてどこまで身につけなけ
ればならないという目標設定は決まっていません．またプログラミ
ングだけを取り立てて成績評価することも求められていません．な
お，中学校と高等学校の場合は成績に影響する場合があるとされて
いますが，状況がわかるのは 2021 年度以降でしょう．

誤解 3. プログラミング言語を習得する

　「情報活用能力」の定義において，プログラミング的思考，情報モ
ラル，情報セキュリティ，統計等との資質・能力等の項目が盛り込
まれていますが，プログラミングはその一項目に過ぎません．さら
にその項目も「プログラミング的思考」とあるように，プログラミ
ング教育といっても特定のプログラミング言語によるプログラムを
書かせることそのものは目的としていません．プログラミングの体
験を通じて論理的思考力を育むことが主眼となります．

誤解 4. パソコンやタブレットは必須

　IT 業界の一部には小学校のプログラミング教育必修化をパソコ

ンやタブレットなど情報端末の販売チャンスと考えて，それをあお
る業者もあるようです．一方，2019 年 12 月に文部科学省がまとめ
た「教育の情報化に関する手引」[2] によると「コンピューターを用
いずに「プログラミング的思考」を育成する指導を行う場合には，児
童の発達の段階を考慮しながらカリキュラム・マネジメントを行う
ことで児童がコンピューターを活用しながら行う学習と適切に関連
させて実施するなどの工夫が望まれる.」とあります．つまり，児童
生徒が「プログラミング的思考」の指導においてコンピュータを利
用する機会が全くないという状況は避けるべきですが，コンピュー
タを使わずに「プログラミング的思考」を行うことは許容している
ことになります．

誤解 5. プログラミングに関わる授業の指導内容は文部科学省が 具体的に決めているのか

　現状，文部科学省は「教育の情報化に関する手引（第三版）」（2020
年 2 月）[3] において，情報教育の調査研究における指導事例を紹介
していますが，試行といえる内容も多く，どのようなプログラミン
グを教えるかは学校や教育委員会に任されている状況は変わりませ
ん．なお，小中学校は外部の民間プログラミング教育の事業者に委
託することもできますが，それができるのは予算がある小中学校ま
たは地方公共団体に限られ，これまでプログラミングに関して関わ
ることのなかった教職員が教えるところも少なくないでしょうが，
教職員への研修や教育設備は十分とはいえない状況です．

誤解 6. プログラミング教育は社会を変えるのか

　小学校におけるプログラミング必修化は，政府の「日本再興戦略
2016」という経済施策における「第 4 次産業革命の波は，若者に
「社会を変え，世界で活躍する」チャンスを与えるものである．日
本の若者が第 4 次産業革命時代を生き抜き，主導できるよう，プロ
グラミング教育を必修化するとともに，IT を活用して理解度に応
じた個別化学習を導入する.」という提言が背景にあります．ただ，
小学校におけるプログラミング教育は，プログラミング体験の域を
超えず，この施策が期待するような効果があるかもわかりません．

─── コラム ───

GIGA スクール構想と電子黒板

　著者は小学校などに出張授業を頼まれることがあります．小学校の教職員との打合せで話題になるのは電子黒板です．政府は学校教育の ICT 化のために地方公共団体に対して電子黒板などを学校に配備する施策をとりました（2009 年度の補正予算の教育 ICT 化の補助金）．このため，実際に電子黒板を導入した学校は少なくありません．しかし，小学校の教職員からは，電子黒板はほとんど使われなかった，または当初は使ったがその後もメンテナンス費用がなく倉庫にしまわれたままという話を伺います．そうなってしまった背景はいろいろでしょうが，ひとつは電子黒板というハードウェアだけを配備してもそれを使ったソフトウェアやコンテンツが十分とはいえず，また教職員は電子黒板を含む ICT 機器を教育に使うことには慣れているとはいい難いためです．さらに，補正予算による補助金であり，パソコンを含む設備購入に関しては支援されても運用に関する支援は手当てされるとは限りません．従って，今後，故障しても修理する予算がなかったなどの問題が起きる事態が予想されます．

　さて文部科学省では 2019 年から「**GIGA スクール構想**」が進められており，2020 年度補正予算には GIGA スクール構想のために 2,292 億円が計上され，小・中学校の児童，生徒に 1 人 1 台パソコン（タブレットを含む）を実現することや，全国の学校に高速大容量の通信ネットワークを完備することが進められているはずです．しかし，現状はパソコン配備に注力がされており，そのパソコンで何を教えるのかは不透明です．GIGA スクール構想では多様な子どもたちにひとり一人最適化された学びの機会を与えることを標榜していますが，ひとり一人の学習理解度を把握することも，その学習理解度に応じて学びの内容を最適化することも簡単ではありませんので，現状は漠然とした目標設定に留まっています．

　また，電子黒板と比べるとパソコンはその導入も運用も簡単ではありません．基本となるソフトウェア，例えばワープロや児童向け

プログラミング環境などは納入業者がインストールしてくれるかもしれませんが，学校の状況（例えば通信環境）に応じた設定やソフトウェアアップデートなどは，学校の教職員に加えて，**ICT 支援員**が担うことになります．しかし，教職員は教務他で多忙ですし，ICT 支援員は複数校に 1 人配置するのが精一杯です[6]．

なお，GIGA スクール構想は補正予算で整備することもあり，短期間に大量のパソコンなどを導入することになりますが，学校の IT 化を担っていた ICT 支援員だけでは対応できなくなります．そのため，文部科学省は IT 企業の OB などを GIGA スクールサポーターとして配置することを想定していますが，ICT 支援要員と棲分けも不明確です．また，そのサポーターは企業向けの IT に関する知見はあるかもしれませんが学校における運用に詳しい方は少ないでしょうし，実際，学校における IT の運用と企業における IT の運用とは相違があります．例えば児童生徒が扱うことから，パソコンの落下などの物理的なトラブルは企業の運用よりも増えます．この他，IT 機器の運用はいろいろな手間を生み出します[7]．逆に，IT 機器が生み出す手間が大きいと教育現場にとって IT は負担そのものとなります．つまり，仮に拙速な IT 導入を行うとむしろ教育のIT の利活用は進まなくなる恐れもあります．

---

[6] 文部科学省の 5 か年計画（2018〜2022 年度）では 4 校に 1 人の ICT 支援員を配置するのが目標です．

[7] 例えば，授業の進行に合わせて，児童生徒が一斉にパソコンなどを起動し，通信接続することから学校内 IT インフラに大きな負荷がかかります．また一斉の授業を前提にしている以上，1 台でもパソコンなどが不調だと全体に影響することになります．

2 身近な生活における コンピュータの活用

　本章では，身近な生活を含めて，現代社会がコンピュータをはじめとする情報技術によって支えられていることの例示を挙げていきます．

　文部科学省が新学習指導要領のプログラミング教育についてまとめた「小学校プログラミング教育の手引（第三版）」によれば，プログラミング的思考が情報活用能力の3つの柱に寄与することを求めており，3つの柱のひとつめ「知識及び技能」については「身近な生活でコンピューターが活用されていることや，問題の解決には必要な手順があることに気付くこと．」とあります．コンピュータというと身近にあるスマートフォンやパソコンを思い浮かべるかもしれませんが，それらはコンピュータの活用の一部にしか過ぎません．コンピュータは自動車，エレベータ，テレビ，エアコンなど，我々の身近な機器の中にも使われ，我々の生活を便利に，そして安全にしてくれています．本章では，コンピュータが世の中でどのように使われているかの例を通じて解説していきます．

　なお，例を挙げるもうひとつの意図は，学校などでパソコンなどが手元になくても，コンピュータの使われ方や，プログラミングにつながる考え方を教えるための題材を提供することです．このため，単なる事例紹介ではなく，コンピュータがどのような処理をしているのか，またどのように作っているのかについても解説します．

2.1 機器を制御するためのコンピュータ

コンピュータは様々な目的で利用されますが，大きな目的は機器等を**制御**することです．単純な機器であればコンピュータを使わなくても制御ができますが，コンピュータを使うことにより高度な制御が可能になり，人間にとって便利になりますし，環境負荷を軽減することもあります．

2.1.1 交 通 信 号 機

コンピュータによる身近な機器制御でも比較的単純なものに**交通信号機**の制御があります．ひとつの交差点でも複数の信号機が設置されますが（図 2.1），その信号機それぞれを適切な色を適切なタイミングで点灯するように制御しないといけません．古い交通信号機はリレーと呼ばれる電磁石を使ったスイッチを組み合わせて複数信号機の連動と点滅を実現していましたが，現在設置されている交通信号はコンピュータによって制御するものが増えています．

交通信号の制御は大きく分けて定周期制御と交通感応制御の 2 種類があります．前者はタイマに応じて時間経過に応じて点灯を変える方法，後者はセンサにより交通量などを調べて点灯時間を変える方法となります．さて前者の定周期制御ですが，常に所定の時間経過に応じて点灯を変えるタイプに加えて，曜日や時間帯に応じて，例えば平日と土日を変える，また通勤時間帯とそれ以外の点灯時間を変えるタイプがありますが，いずれにしてもタイマによる時間経過に応じて点灯を変更します．

ところで，後者，交通感応制御による交通信号では道路上の状況を把握するためにセンサを使いますが，代表的な方法は超音波によ

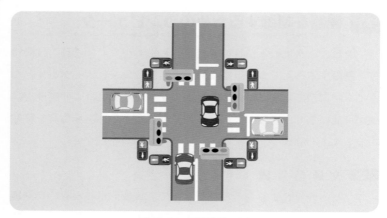

図 2.1　交通信号の例

る車両発見です．これは，道路の上に設置した超音波センサで道路
に向けて超音波を発射して，道路で反射する場合と道路上の車で反
射する場合ではその反射した超音波が到着するまでの時間に差が生
じることを使って，自動車などの存在を見つけるものとなります．
なお，他にも電波や画像によるセンサを使うこともあります．

　前述の定周期制御の交通信号では，**入力**は交通信号機に，正しく
交通信号機の近くの歩道などに設置した制御装置にタイマが入って
おり，所定時間が経過するとタイマから送られる信号となります．
一方，**出力**は各信号部のランプの点灯と消灯となります．図2.2の
ように，交通信号を制御するコンピュータは，そのタイマからの信
号に応じて，自動車用の信号部ならば青色ランプ，黄色ランプ，赤
色ランプを切り替え，歩行者用の信号部であれば歩行と停止のラン
プの点灯/消灯に加えて点滅へ切り替えます．

　この他，交差点ではなく，道路横断用の交通信号では歩行者用に

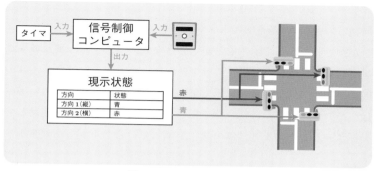

図 2.2　交通信号の構成

―――――― コラム ――――――

入力と出力の関係を考えよう

　コンピュータの動作を考えるときには，コンピュータへの入力と出力に着目するとよいです．というのは，コンピュータの処理は，基本的には外部から受け取った入力に対して何らかの処理を行い，その結果をまた外部に出力することだからです．コンピュータのしくみを理解するときでも，何らかのプログラミングをするときでも，想定される様々な入力に対してどんな出力がされるのか，またはされるべきなのかを考えることは重要となります．そこで，小中学校などにおいては身近にあるコンピュータおよびコンピュータを使った装置について，入力と出力を児童生徒に列挙してもらうとよいでしょう．例えば，飲みものの**自動販売機**であれば入力はお金と飲みものの選択のボタンとなり出力はその飲みものとなります．テレビゲームであれば入力はコントローラのボタンであり出力は画面の映像とスピーカの音声となります．このとき，ある入力があるとどのような出力があるのかを考えていくと，コンピュータがどのような処理をするのか，つまりどのようなプログラムが必要なのかが見えてきやすいです．

押しボタン式がついているものがあります．これは交通感応制御と同様に，道路には基本的に青色ランプを点灯しますが，その押しボタンが押されたことを示す信号が入力となります．また，前述の交通感応制御は自動車を判別するセンサの反応も入力となります．この他，比較的交通量の多い道路上にある信号機同士の距離が短い場合は，そのうちひとつの信号機の信号が親となり他の信号と連動して動作させることにより渋滞の緩和を図っているタイプもあります．

2.1.2 エレベータ制御

　いま使われている**エレベータ**の多くはコンピュータを使って制御されています．前述のコンピュータの入力と出力の観点から見ると，各階やエレベータ内のボタンが入力となり，**ゴンドラ**（またはカゴ）と呼ばれる人が乗る部分の移動やドアの開閉が出力となりえます．また，エレベータの場合，それら以外にゴンドラの位置も入力となります（図 2.3）．さて，コンピュータによるシステムを考えるとき，前述の入力と出力の観点から見る方法に加えて，システムがもつ状態を列挙して，ある状態から別の状態に変わっていくのかを見ていく方法があります．

　エレベータの場合，ゴンドラの現在位置がどの階またはどの階と階と間なのか，そのゴンドラが停止しているのか，動いているのであれば上向きか下向きか，ドアは開いているのか閉まっているのか，が状態となります．ある状態から別のある状態に変わる可能性があるのか，変わるとしたらどのような入力があるのかを明らかにしていくことで，エレベータ全体の動作を把握することができます．このように，システムの状態を列挙して，ある状態から別の状態への

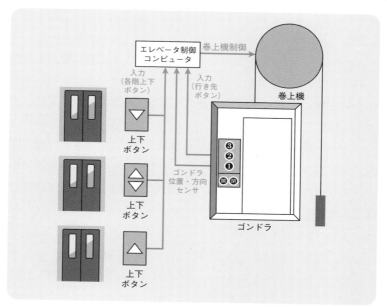

図 2.3 エレベータの構成

変化としてシステムの動作を考える方法は，プログラミングを含む
システム設計では，エレベータに限らず，様々なシステムを作ると
きに広く行われています．図 2.4 から図 2.5 のように，ある状態か
ら別の状態に移り変わることを図で示したものを**状態遷移図**と呼び
ます．一般のエレベータは複雑なシステムであり，状態遷移図も複
雑になりますが，エレベータの状態や機能に限定したものだけを考
える場合，簡単化されます．例えば，3 階分程度のエレベータを仮
定して♠1，ゴンドラの位置によって各フロアの上りまた下りのボタ

♠14 階以上でも複雑性は変わりません．

ンを押したときにどのように動作させるのかであれば，児童生徒で
も理解できるはずです．

　各状態について，どのような入力があるとどの状態に変わるのか
がわかれば，各状態において入力に対する変化を行うために行うこ
とを明らかにすることにより，それを実現するプログラムを作りや
すくなります．

　ここで，各階に設置された上下ボタンは図 2.4 で示す状態遷移図
を，ゴンドラ行先階ボタンのパネルは図 2.5 で示す状態遷移図を
それぞれもちます．また，ゴンドラのドアに関する状態遷移図は
図 2.6 のようになり，さらにゴンドラの昇降装置に関する態遷移図
は図 2.7 のようになります．

　なお，図 2.7 の遷移である「ゴンドラ到着通知を出す」を行う
と，図 2.5 と図 2.6 の遷移である「ゴンドラ到着通知を受け取る」
が実行されるとしています．同様に，図 2.5 の遷移にある「移動指
示を出す（行先階は N 階）」（ここで N 階は 1～3 階）の遷移が行われ

━━━━━ コラム ━━━━━

エレベーターの制御

　古いエレベータ，例えば 30 年前に作られたエレベータの場合，当
時の古いコンピュータと古いプログラムがいまだに使われているこ
とは少なくありません．不安に思うかもしれませんが，エレベータ
の制御そのものは新しいエレベータも古いエレベータも大きな違い
はありません．もちろん，新しいエレベータのコンピュータもプロ
グラムも進化していますが，その進化の大半は案内音声などの付加
的な機能に使われています．

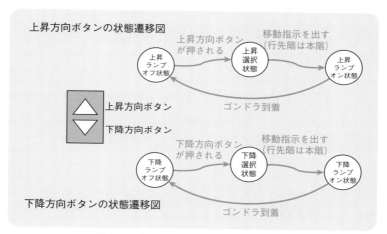

図 2.4 各階の上下ボタンの状態遷移図

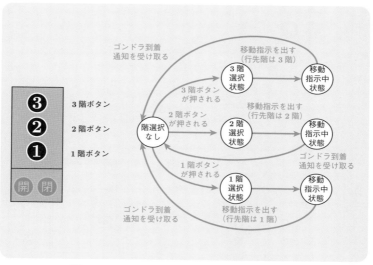

図 2.5 ゴンドラの行先階ボタンの状態遷移図

ると，図 2.7 の遷移である「移動指示を受け取る（現在階 < 行先階の場合）」または「移動指示を受け取る（現在階 > 行先階の場合）」が実行されるとしています．

　エレベータ全体の状態はそれぞれの状態の組合せになります．その組合せによる状態数は指数的に多くなりますが，それぞれの状態は有限個なので，組み合わせた状態も有限個です．実際には同時には起きない状態の組合せもあるので，全体状態数を抑えられること

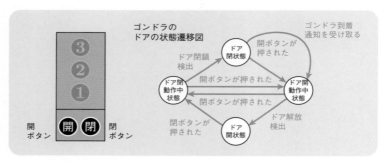

図 2.6　ゴンドラのドアの状態遷移図

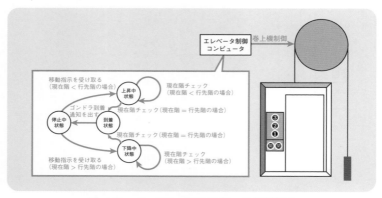

図 2.7　ゴンドラの昇降装置の状態遷移図

が多いです．なお，ゴンドラおよび各階のボタンについても状態を
もつと考えた方がいい場合もあります．例えば，ゴンドラ内の行先
階のボタンを一度押すと，そのボタンを放してもランプなどがつき
続ける，つまり行先階がそのまま残るのであれば，行先階ボタンに
ついても状態として扱う方がいいですし，同様に各階にある上りボ
タンおよび下りボタンも状態として扱う方がいい場合もあります．

　さて，エレベータは安全に動作させるためのしくみが数多く入っ
ています．例えば，エレベータではドアを閉めている最中に何かを
挟んでいることを感知したら，ドアを閉じるのを中断して，ドアを
開く動作を行います．また，エレベータに乗っている人が多くて重
量オーバーとなったらエレベータを動かすべきではありません．さ
らに，地震が発生したときに停止または最寄り階に移動させるエレ
ベータもあります．このように，正常な状況以外になったときだけ
実行される動作を**例外処理**といいます．

　現実世界では正常以外の状況になることがありますし，その正常
以外の状況も多様です．このため，現実世界のシステムで使われる
コンピュータの場合，プログラムの大半は例外処理のためとなり，
システムによってはプログラムの9割以上が例外処理ということは
珍しくありません．なお，大学を含めて学校教育やプログラミング
スクールなどでも様々なプログラムを作りますが，そうしたプログ
ラムは教育用であり現実世界で使われることはないので正常な状況
以外は起きないと暗に仮定していることが多いです，従って例外処
理のためのプログラムは作らないか，作ってもごく限られた例外処理
だけとなります．小中学校はもちろん，大学の情報系の専門授業
でも，プログラムの課題などではごく一部の例外処理しか対応しな

いため，現実世界で使われるプログラムは教育用プログラムとは大きく違うことを教える側は認識しておくべきです[2].

───── コラム ─────

身近な装置の状態遷移を調べてみよう

様々な機械の動作を考えるとき，それらの状態遷移を考えることは有用です．ここでは自動販売機の状態遷移を考えてみましょう．自動販売機ではお金を入れて，ボタンを押すと飲みものが出てきますが，図 2.8 のようにお金が入っているか，どのボタンが押されているかなどが状態となります．

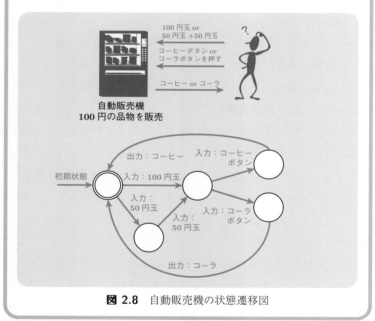

図 2.8　自動販売機の状態遷移図

2.1.3 エアコン

　家庭やオフィスで使われている**エアコン**にもコンピュータが使われます．エアコンは所望な温度を設定するとその温度になるように冷房または暖房しますが，そのときに**フィードバック制御**と呼ばれる方法で温度調整を行い，コンピュータを使います．フィードバック制御とは入力と出力をもつシステムで，その出力が入力に影響を与えるしくみのことをいいます．エアコンを例にとって説明しましょう．冷房装置や暖房装置は，設定した温度に冷やせる，または暖められるわけではありません．エアコンは温度センサをもっていて，入力として現在の室温を定期的に測っています．また，出力は冷房または暖房となります．この温度センサがエアコンのフィードバック制御にあたります．

- 冷房モードのときは，コンピュータは定期的に温度センサで測った室温と設定された温度を比較します．そして，気温の方が高ければ冷房を動かし，気温が設定温度またはそれより低くなると冷房を止めます．

- 暖房モードのときは，コンピュータは定期的に温度センサで測った室温と設定された温度を比較します．そして，気温の方が低ければ暖房を動かし，設定温度またはそれより高くなると暖房を止めます．

　もちろん，設定温度と室温の差によっては冷房と暖房を切り替えても構いませんが，例えば夏場であれば外気温などは高いので，冷房を止めれば徐々に室温が上がってくるため，暖房を動かすよりも動作を止めれば十分となります．また，屋外の温度変化などで室温が暑くなるときや寒くなるときがありますが，前述のようにエアコ

ンでは定期的に室温を監視しているので，室温の変化を感知して空
調を適切に動かすことになります．

　ここでフィードバック制御について説明しておきましょう．エア
コンが動いているときの室温は，冷房または暖房という出力に影響
を受けます．つまり，図 2.9 のような入力となる室温は出力となる
冷房または暖房の影響を受けることになります．エアコンのフィー
ドバック制御は，単に現在の室温に応じて冷房または暖房の稼働と
停止を行うだけならば，コンピュータがなくても実現できます♠3.
しかし，最近のエアコンは省エネのために冷房や暖房の強弱を含め
てきめ細かく制御しており，それにはコンピュータ上でプログラム
を使った制御が不可欠となります．

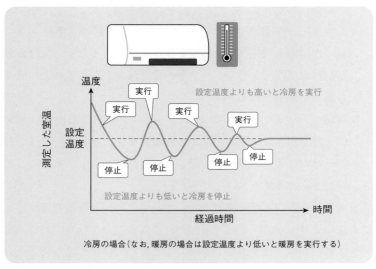

図 2.9　エアコンのフィードバック制御

♠3温度によって動作するスイッチなどを組み合わせることにより実現できます．

　なお，フィードバック制御はエアコンだけでなく現代社会の様々なところで使われています．冷蔵庫の温度制御も，以前はセンサにより温度が冷え過ぎると冷却装置を止めるという原始的なフィードバック制御を行っていましたが，いまの冷蔵庫は電力消費を下げるために高度な制御を行っており，そのためにコンピュータが利用されています．ドローンも水平維持や移動ができるのは機体の傾きなどを測定しているためです．そして，水平となるように，機体が傾いたら逆方向に傾くように複数あるファン（プロペラ）の回転数を調整するというフィードバック制御もコンピュータを使って実現しています．

2.2 コンピュータによるデータ処理

　コンピュータの使い方として，例えば複数の値の合計を求めたり，データを大きい順番に並べ替えるなどのデータ処理も重要です．ここではデータ処理に使われているコンピュータについて例示していきます．

2.2.1 スーパー・コンビニの POS システム

　まず，POS システムを例にデータベースアクセスと，**ID**（Identifier），つまり番号による対象管理について解説します．スーパーやコンビニでは，購入する商品をレジにもっていき，その商品に印刷または貼られた**バーコード**を読み取ると，その商品の名称に加えて値段などがわかります．こうしたシステムのことを**POS**（Point Of Sales）**システム**と呼びます．国内で流通する商品についているバーコードの多くは **JAN**（Japan Article Number）**コード**と呼ばれ，商品を表す ID のひとつとなります．JAN コードは国番号，メーカ番号，メーカ内で商品に割り当てた番号などからなります．基本的には同じメーカの同じ製品であれば同じ JAN コードになります．

　さて，JAN コードには商品名そのものも売値も入っていません．これらの情報はスーパーやコンビニにあるデータベースに格納されています．図 2.10 のように，POS システムのレジは，JAN コードを表すバーコードを読み取ると，そのデータベースから JAN コードに対応した商品に関する商品名や売値に関する情報を読み出します．そして，顧客が複数商品を購入する場合は，各商品の売値の合計を支払額とします．なお，セールなどで商品の売値を変えるときは，データベース上で，その商品の売値データを変えることで対応

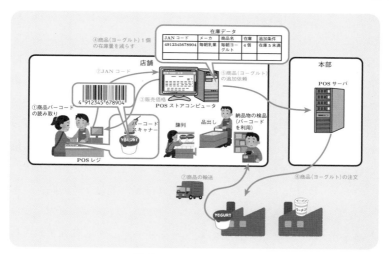

図 2.10 POS システム

できます．また，POS システムのレジは在庫管理システムと連動していることも多いです．

在庫管理システムには，店舗が在庫している各商品の個数（在庫数）を保持するデータベースがあり，顧客が商品を買った場合はその商品の在庫数を減らします．同じ商品を複数個買った場合はその購入数分だけ在庫数を減らします．店舗のシステムによっては所定数よりも商品が少なくなると自動的に発注できるものや，店員が在庫管理システムから各商品の在庫数を確認して必要に応じて発注することもあります．

JAN コードは 13 桁の数字列からなり，商品のメーカや商品の型番などを表しています．例えば

4912345678904

の場合,「49」,「12345」,「67890」,「4」の 4 つの部分からなり,最初の 2 桁は国番号であり,「49」は日本の国番号です.国によって違う番号となります♠4.それに続く 3〜7 桁めとなる「12345」は企業に割り当てられた 5 桁の数字列となります.そして 8〜12 桁めとなる「67890」はその商品のメーカによってその商品に割り当てられる番号となります.そして 13 桁めの「4」は**チェックディジット**と呼ぶ数字です.これは 1 桁から 12 桁の数字列に対してある決められた計算手順をすることによって得られる 1 桁の数字です♠5.このチェックディジットですが,バーコードの読取り時の間違いを見つけるための仕掛けです.JAN コードの場合,チェックディジットは 1 桁めから 12 桁めまでの数字列を使った,ある計算式から算出される 1 桁の数字となりますが,バーコードの読取り装置が 13 桁のバーコードを読んだときに,12 桁の数字から計算したチェックディジットの値と 13 桁めの数字が一致しない場合は,少なくともバーコードのどこかで読取りの間違いが起きていることになります.その場合はバーコード読取り装置はエラーを返します♠6.

　さて,JAN コードは ID です.ID をつけるときは,何を対象と

♠4国によって国番号の桁数は違い,1〜3 桁になります.なお,国番号の桁数によってはそれ以降の部分の桁数が変わります.

♠5計算手順は省きますが,基本的に四則演算の組合せであり,小学校高学年であれば手計算で求めることは可能なはずです.

♠6JAN コード中の複数箇所の読取り間違いが起きたときは,たまたま計算したチェックディジットと 13 桁めとして読み取った数が一致する可能性はゼロではありませんが,その可能性は比較的低いので読取りミスの判別に有効となります.なお,チェックディジットおよびそれに類した読取りミス判定は様々なところで使われており,クレジットカードの番号も最後の桁はチェックディジットとなります.この他,マイナンバー,運転免許証番号などにも使われています.

して，何と何を区別したいのかが重要です．JAN コードは商品の流通販売上で区別すべき商品に異なる ID をつけます．商品の流通販売では，何を同じとして，何を区別したいのでしょうか．例えば，商品名が同じでもメーカが違えば別の商品と扱われるはずです．一方，同じメーカでも違う商品名の商品は流通販売では別々の商品として扱うことになります．逆に，同じメーカでも同じ商品名の 2 つのチョコレート商品があり，パッケージの印刷が違う場合は，それらは流通販売上同じ商品と扱える，つまり区別する必要がないので，同じ JAN コードを割り当てて同じ商品として扱います．逆に，2 つの商品がパッケージが類似していても量が違う，または味が違うなど，流通上同じに扱えない場合は違う JAN コードが割り当てられます．

　また，中古品の流通の場合，例えば 2 つの中古の電気機器があり，メーカも同じ，型番も同じ，色も同じだとしますが，中古機器の場合，傷み方などの状態が違うので，両機器は区別して扱う必要があり，その場合，同じメーカ，同じ型番の商品に同じ ID を付番する JAN コードでは区別できないことになり，中古販売店では中古品ひとつ一つに違う ID を付番していることが多いです．

　現代社会は様々な対象に ID が付番されています．人にはマイナンバー，車にはナンバープレート，児童生徒には学年，組番号，出席番号の組合せ，地域には郵便番号などの ID があり，まさに ID 社会と呼んでもいいかもしれません．ID は何と何を区別したいのかという関心事に応じて付番されます．なお，関心事から区別すべき対象に同じ ID を割り当てていると，その ID では対象を管理できないことになります．逆に，関心事よりも詳細に区別してしまう

と同じに扱っていい対象にも相違な ID が付番され，ID を含めて情報過多になり，処理しきれなくなります．つまり，ID はそれぞれの関心事が最適となるよう設計して付番する必要があるのです．いい換えると，対象につけられた ID を見ることにより，その対象の扱われ方が垣間見られるようにしなければなりません．その意味では，ID は社会の鏡，つまり社会の関心事を映すことになります．また，商品の流通販売は流通する商品に ID，つまり JAN コードをつけることにより（海外でも JAN コードと同様の ID により商品の流通販売を管理しています），POS はもちろんのこと流通販売の仕方が大きく変わりました．つまり，ID は社会を変える力があります．

　小中学校で ID について児童生徒に体験してもらうには，商品バーコードに関しては同じメーカを含む複数の商品のバーコード部分に記載される JAN コードを調べて，前述の国，企業，商品を表す，同じ数字の並びがあるかなどを調べさせるといいでしょう．また，学校にもたくさん ID が使われており，その代表は出席番号です．出席番号はクラスにおいて生徒ひとり一人に重複しない番号をつけることで，生徒を区別しています．郵便番号，さらに銀行やその支店にも番号が付番されていますが，その理由を議論してもらうのもいいでしょう♠7．また，自動車のナンバープレートやお札の通し番号なども，それぞれが関心事に応じて付番されています4)．

♠7郵便番号は配送の効率化のため，そして銀行および支店の番号は銀行名や支店名ではなく番号で記入および処理するためとなります．

—— コラム ——

バーコードが生まれた背景

バーコードにはいくつか種類がありますが，現在の商品バーコードに近いバーコードは，1967年に米国の大手小売チェーンのクローガー（Kroger）が商品につけたものといわれています．当時の米国は自動車の普及が進んでいた時期で，消費者はたくさん買いものをしても車で運べばいいことから，徒歩圏の小型小売店ではなく，郊外の大型スーパーマーケットに買いものに行くことが多くなっていました．しかし，その大型スーパーマーケットは買いもの客が多くなり，さらに大量の商品を買うので，レジは長蛇の列となり顧客から不評が出ていました．そのレジの長蛇の列を解消するために導入されたのが，商品にバーコードを貼りつけて，そのバーコードを読むことにより，レジの会計処理を迅速化することでした．当初は小売事業者が商品にバーコードを貼っていましたが，貼る手間も大きいことからメーカ側で商品に予めバーコードをつけることが求められ，どの小売事業者でも読み取れるようにバーコードが標準化されたのがいまの商品バーコードであり，日本で使われている JANコードもその標準化に準拠しています．バーコードで書かれているのは商品のメーカ名および型番などの組合せに対して付番した IDであり，通常は13桁の数で表されます．なお，13桁めはチェックディジットとなりますが，バーコードを商品の流通で読取りをしない場合でも，その商品の ID はチェックディジットを含む13桁めが使われています．バーコードを読取りするとき以外はそのチェックディジットは不要であり，12桁でも十分なのですが，データベースによる商品管理が普及する前から，バーコードは利用されていたこともあり，13桁の数字が商品 ID としてそのまま利用されています．このバーコードに限らず，ID には一見すると不合理な付番がされていることは少なくありません．それは多くの場合，ID をつける対象に関わる歴史的な経緯に依存しており，いい換えると IDの付番の仕方を見ることでその対象の歴史的な経緯を知ることができます．つまり ID は現実世界を映す鏡なのです[4]．

━━━━ コラム ━━━━

キャンセル・返品処理

　POS システムの設計・構築で難しいのは，顧客が会計中に商品の購入をキャンセルしたときです．バーコードを読む前であれば POS システムに影響はなく，その商品を元の売り場に戻すだけなのですが，(1) 商品のバーコードを読み終わっているけど会計前にその商品が買われないことになった場合，(2) 商品のバーコードを読み終わりさらに会計が終わってから商品の返品を求められた場合，によって違ってきます．さて，POS システムが在庫管理システムと連動しているとき，会計が完了した段階で，在庫管理システムに購入による在庫減を知らせることが多く，その場合，(1) のケースでは在庫管理システムに与える影響はないのですが，(2) のケースでは会計は済ましているので，その返金処理を行うとともに，在庫管理システムに対していったん減らした在庫数を元に戻すように指示する必要があります．このとき，POS システムの作り方によって，返品された商品だけで返金処理および在庫数の調整ができる場合と，一緒に購入した商品すべての販売をいったんキャンセル扱いして，その返品された商品以外を再度販売したことにしないといけない場合があります．現実の情報システムの難しさは，通常処理よりも，返品を含む様々な例外に対して漏れなくしかも適切に処理することにあります．前述のように，現実のシステムではそのプログラムの大部分は例外処理であり，正常な処理だけを見ていても実際のプログラミングの難しさはわかりません．

2.2.2 ウェブ検索サービス

何か調べごとをするとき，Google 社や Microsoft 社などから**ウェブ検索**（Web Search）サービスが提供されており，そのサービスを使う方は多いと思われます．ウェブ検索とは，**ウェブページ**（Web Page）を中心に**インターネット**に存在する情報をキーワードなどから検索することであり，典型的なウェブ検索サービスは，そのサービスのウェブページに検索したいキーワードなどを入力すると，そのキーワードを含むウェブページなどを見つけてくれます．ウェブ検索サービスは 3 つのフェーズに分かれています（図 2.11）．

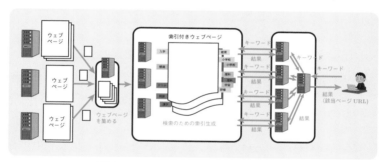

図 2.11 ウェブ検索サービスのしくみ

フェーズ 1 ウェブ検索サービスはインターネット上のウェブページを収集します．これを**クローリング**といいます．なお，インターネットのウェブページは膨大です．人手でウェブページを集めていたのでは集めきれないことから，クローラと呼ばれるプログラムにより，対象となるインターネット上のウェブページを自動的に集めます．このクローラは画面のないウェブブラウザともいえて，所定の対象となるウェブページにアクセスし

て，そのページを読み出し，それをウェブ検索サービスのサーバに保存していきます．そのウェブページに他のウェブページへのリンクがある場合は，そのリンク先のウェブページを読み出し，保存していくということを繰り返すことで，結果的に世界中のウェブページを収集・保存していきます．なお，ウェブページは更新されることから，このクローリングは定期的に行うことになります[8]．

フェーズ 2　前述のクローリングにより，インターネット上のウェブページはウェブ検索サービスのコンピュータに大量に保存されますが，このままでは検索には不向きのために**インデキシング**（索引作り）と呼ばれる方法でウェブページを加工します．ウェブ検索では，ユーザはキーワードを入力するとそのキーワードに関連したウェブページへのリンクを返しますが，ウェブページのままだと貯めているすべてのウェブページについてそのキーワードが含まれているかを調べていかないといけません．これは，分厚い本を全部読んで調べたいキーワードが登場するページを見つけるのと同じです．このため，キーワードによる検索に向いている索引を作ることになります．この結果，検索対象のキーワードが与えられたとき，ウェブページそのものではなく，その索引を調べることで，キーワードを含むウェブページに高速にたどり着けるようになります．

フェーズ 3　ウェブ検索サービスはユーザからキーワードを受けつけると，前述のインデキシングで作成した索引を使ったキー

---

[8]ニュースサイトなど，更新頻度が高く，さらに最新の情報が求められるウェブページの場合は，クローリング頻度を高くしています．

ワードを含むウェブページのリンク情報，つまり URL を見つけます．ところで，インターネットのウェブには似たような内容を扱うウェブページがあることがありますが，その場合，キーワードによっては検索に該当するページは大量になることがあります．そのとき，大量のウェブページのリンク情報をユーザに返すことになりますが，ユーザはその一部しか見ないことが大半です．このため，ウェブ検索サービスはどのウェブページを優先的にユーザに返すのかを選ぶことになります．これを**ランキング**といいます．ランキングの基準は様々ですが，例えばキーワードが類似した2つのウェブページがあったときに，一方は他のウェブページからたくさんのリンクがあり，もう一方にはそのページへのリンクが少ない場合は，前者の方がランキングは高くなり，ウェブ検索の結果としてユーザに提示させるときは前者が優先的に表示されることになります．

なお，フェーズ2はフェーズ1後に行われ，フェーズ3はユーザがウェブ検索を要求するたびに行われます．また，フェーズ1と2は頻繁に更新されるウェブページについては毎日行い，更新が少ないデータは数ヶ月に1回程度を行っているといわれています．

さて，ウェブ検索サービスのしくみを児童生徒に説明する場合は，書籍の索引を例えるとよいかもしれません．1つめのフェーズは書籍の原稿を集める段階です．2つめのフェーズは，書籍の原稿から索引の対象となる単語を選び，その索引を作る段階，そして3つめのフェーズは索引を使って読者の知りたい単語のページ番号を見つけることに相当します．書籍の索引作りではどの単語を索引対象にするかは人間が決めますが，ウェブ検索サービスが収集する

ウェブページは膨大であり，索引作り，つまりインデキシングはコンピュータに索引対象の単語の選別およびその索引作りをさせます．このとき，同じ検索対象の単語が多数のウェブページに含まれることがあり，単純に索引を作るとユーザが望む結果になるとは限りません．単語がタイトルになっているウェブページや，その単語が頻出するウェブページなど，単語とウェブページの関連性がわかるようにインデキシングを行います．いまのウェブ検索サービスでは，2 つ以上のキーワード（単語）を検索対象とすることがあります．例えば，ウェブ検索のユーザが 2 つの単語が関連して使われるウェブページを見つけたいと想定します．そこで，インデキシングでは，一方の単語と他方の単語がウェブページに現れる位置も含めることで，ひとつのウェブページ上で 2 つの単語が近くに現れたのかもわかるようにします．こうしたインデキシングの仕方は，ユーザが望む検索結果となるかに関わりますので，ウェブ検索サービスの事業者は様々な工夫をしています♠9．

　なお，第 4 章で説明しますが，いまのウェブ検索サービスはユーザに合わせてカスタマイズされています．同じキーワードを調べてもユーザによって結果が異なります．これはユーザに合った検索結果を提示することだけでなく，ウェブ検索サービスは広告を表示することで収益を上げており，その広告効果を高めるためにユーザに合わせる必要があるのです．

　♠9最新のウェブ検索サービスは，ウェブページの内容をある程度理解しながらインデキシングを行っており，このため自然言語の研究者や AI（人工知能）の研究者を大量に雇用して，その検索を改善しています．

━━ コラム ━━

ウェブ検索は電気を大きく消費する

　大手のウェブ検索サービスの場合，1 回のウェブ検索に 100 台以上の高性能コンピュータを使うことは珍しくありません．というのは，ウェブ検索サービスが収集したウェブの情報は膨大であるからです．いくらインデキシングにより検索が効率化されるといっても，対象となるウェブページは大量にあります．そのインデキシングした情報からの検索を多数のコンピュータで手分けして行います．ウェブ検索サービスの場合，ユーザからの 1 回の検索要求は数百台のコンピュータを使って処理されます．まず，ユーザからのキーワードの検索要求を受けつけるためのコンピュータは，要求を受け取ると数百台の検索用コンピュータにキーワードを知らせます．この検索用コンピュータは担当するウェブページが割り当てられており，検索するキーワードを受け取ると，それが担当するウェブページのインデックス（索引）からその単語を含むウェブページを見つけて，結果をまとめるコンピュータに送ります．そのコンピュータは，各検索用コンピュータからの結果をキーワードの関連性などの情報を使って並べ替えて，ユーザに結果を返すことになります．これは人間で例えると，多数の人に対してそれぞれの担当する情報を割り当てておき，検索したい単語を受け取るとその多数の人に調べさせてその結果を整理して返すのと同じです．しかし，検索結果のうちユーザが使うのはごく一部であり，それ以外の結果のための検索は無駄になります．さらに，検索処理に用いるコンピュータは高性能であり計算処理は速いのですが，電力消費も大きく，それを多数動かすので，1 回のウェブ検索のための電力消費は大きくなります．コンピュータを含む IT は，材料や燃料などが目に見えないので環境負荷に気がつきにくいですが，ウェブ検索サービスひとつをとっても電力を大量に使っています．実際，いま IT 業界は産業別の電力消費では上位となっています．

2.3 コンピュータを介したコミュニケーション

コミュニケーション媒体としてのコンピュータの活用が増えています．ただし，コンピュータ単体ではなく，インターネットなどの通信手段とコンピュータを組み合わせることで実現しています．

2.3.1 電子メール

電子メール（e-mail）は，インターネットを含む**通信ネットワーク**上で，手紙のように特定の人と情報をやり取りするサービスとなります．総務省の調査によると，電気通信事業者 10 社が取り扱う電子メールは国内では 1 日に約 18 億通だそうです[5]．ちなみに郵便の場合，2017 年度における総引受郵便物等物数は，1 年間で約 217 億通となります[6]．

さて，電子メールのしくみは，現実世界のメール，つまり郵便のしくみとよく似ています．郵便の場合，ポストに投函した手紙はそのポストの最寄りの郵便局に集められます．この郵便局では手紙の宛先の都道府県や地域などを読み取って，宛先の方面の郵便局に手紙を転送します．この転送をリレーのバトンタッチのように，宛先の最寄りの郵便局に届くまで続け，その郵便局はその手紙を宛先のポストに入れます♠10．電子メールの場合，郵便局に相当するのがメールサーバです．電子メールで郵便の宛名に相当するのが，電子メールの宛先アドレスです．一般的には xxx@shikumi.ac.jp のように表記されます．@の後には，所属する組織や利用しているインターネットサービスプロバイダなどの事業者のドメイン名が使われ

♠10現在の郵便は時間とコストを減らすために配送経路上で経由する郵便局の数を減らしています

ます.

Step1. 　送信者が電子メールのソフトウェアを使って電子メール
を送信すると，そのソフトウェアは，送信者のメールサーバ
（電子メールの送付に使うソフトウェアに登録されている電子
メール送信サーバ．インターネットサービスプロバイダ（ISP）
を使ってインターネットを接続している場合，ISPがそのサー
バを提供することが多い）に送ります．

Step2. 　電子メールを受け取ったメールサーバは，宛先アドレス
がそのサーバの管理対象でない場合，その宛先のメールサーバ
またはそれに近いメールサーバに転送します．転送先メール
サーバの割出しはインターネット上の名前管理をするサーバ
（DNSサーバ）などの情報を使います．なお，その管理対象に
宛先が含まれている場合，Step3. に進みます．

Step3. 　メールサーバは受け取った電子メールの宛先がそのサーバ
の管理対象であれば，その電子メールを宛先アドレスに対応した
メールスプール（到着メールの一時保存場所）に保存します．

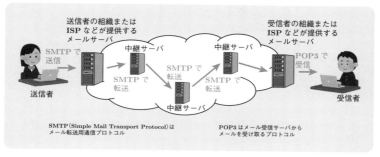

図 2.12　電子メールのしくみ

Step4.　　受信者は電子メールのソフトウェアを通じてメールサー
　　　　バ（電子メールのソフトウェアに予め設定してある）のメール
　　　　スプールから読み出して，画面などに表示することになります．

2.3.2 ソーシャル・ネットワーキング・サービス（SNS）

　ソーシャル・ネットワーキング・サービス（Social Networking
Service, **SNS**）は多様なサービスを提供しており，定義が難しいわ
けですが，個人がある限られたユーザ向けに情報発信や交換ができ
るネットワークサービスといえるでしょう．友人同士や同じ趣味を
もつユーザなど，ある程度閉ざされたコミュニティにすることで，
インターネット上の一般公開とは違う，密接な情報共有を提供して
います．つまり，あるユーザが設定した友達などのコミュニティに
登録・招待したユーザに向けて情報を提供することができます．た
だし，そのコミュニティに属しているユーザはその情報を SNS の

───── コラム ─────

電子メールと郵便の関係

　小中学校において，**電子メール**のしくみを説明する場合は，郵便
のしくみを説明して，それから電子メールを説明するとよいでしょ
う．ところで，電子メールと郵便が似ているのは偶然ではなく，電
子メールのしくみを作るとき郵便のしくみを参考にしたからです．
電子メールに限らず，情報に関する技術は現実世界のシステムのし
くみを真似たものが少なくありません．例えば，コンピュータ間で
通信するときのデータの単位を**パケット**，つまり小包と呼びます．
パソコンではデータを管理するとき**ファイル**と呼ぶ入れものにデー
タを入れますが，これも物理世界のファイルをコンピュータ上に実
現しようとして作られたためです．

外に持ち出すことを制限されているわけではないので，SNSであっても，インターネット上に情報が公開されているのと大差ないことを念頭に置いて利用すべきでしょう．

SNSはユーザとユーザを結ぶシステムですが，ITシステムにおいてはユーザつまり人間はデータにしか過ぎません．実際，SNSではユーザは氏名などの属性情報に加えて，SNS上における他のユーザとの関係，例えばSNS上で友達になっているのは誰か，SNS上にあるどのコミュニティに属しているか，そのユーザが行った情報発信，例えば書込みや写真投稿もデータとして管理されています．ユーザとユーザの関係は図2.13のように，各ユーザに関するデータ群同士をつなぐような構成により保持されます．このため，SNSではデータによりユーザとユーザをつなぐ巨大なメッシュ（網）が作られていると思えばいいでしょう．

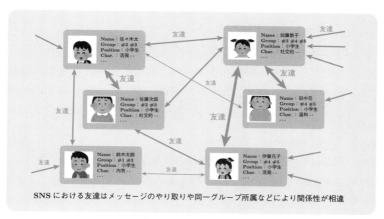

SNSにおける友達はメッセージのやり取りや同一グループ所属などにより関係性が相違

図 2.13 SNSの構造

　SNS はユーザと情報の出会いが重視されます．SNS を使っている人であれば，このユーザとは知り合いではありませんか？というユーザの紹介がされることがありますし，また表示される情報もユーザにとって関心のある情報の比率が多いことに気づいていると思います．

(1)　ユーザの紹介は，SNS のユーザであるユーザ A を考えましょう．そのユーザ A には SNS 上で知り合い関係（以降では知人関係と呼ぶ）にあるユーザ B とユーザ C がいたとき，SNS はユーザ B の知人関係のユーザ群とユーザ C の知人関係のユーザ群を調べて，両ユーザ群に共通の知人関係のユーザで，さらにユーザ A とはまだ知人関係になっていないユーザを探して，そのユーザをユーザ A に「知り合いではありませんか？」と紹介します．なぜならば，ユーザ B とユーザ C と関係のあるユーザ同士も関係があることが多いからです．

(2)　SNS は，ユーザ A の SNS 上の書込みや，SNS 上に表示された記事などで表示させたものを記録・収集して，ユーザ A の関心や興味を把握します．例えば，書込みに自動車に関わるキーワードが多い，また自動車に関わる記事を開くことが多いなどから，ユーザ A は自動車に関心があると推定します．また，前述のユーザ B とユーザ C，つまりユーザ A と知人関係にあるユーザによる書込みや表示した記事などを調べて，その特徴も加味して，ユーザ A の関心や興味を推測します．なぜならば，知人関係にあるユーザは同様の関心や興味をもつことが多いからです．

　さて，SNS ではユーザの書込みや知人関係に応じて，そのユーザ

の関心や興味を推測しています.

1. その推測した関心や興味に応じて情報を選んで表示します. 逆にいえば, 関心や興味がなければ重要な情報であっても表示されません. また, ユーザの意見とは違う立場の情報も表示されません. 興味ないこと, 嫌いなことを見なくて済むので非常に心地よいことになりますが, 自分の関心事・興味以外, 知人関係以外の方の情報が見られなくなり, 情報に偏りが生じることになります. この状態を**フィルターバブル**といいます.

2. この推測はプロファイリングと呼ばれる技術を使いますが, 断片的な情報に基づく推測であり, 精度が高いとはいえません. 例えば, ユーザが一度でも乱暴な言葉を含む書込みをすると, その言葉により, SNS 側はそのユーザは乱暴な人格と推測してしまうことがあります. また, この推測は精度が高いとはいえず, 間違った推測をされることも多いです. しかも, ユーザはどのような推測をされているのかを知りうるとは限らないので, 不当な扱いを受けていても気がつかない可能性があります.

なお, SNS が提供するサービスは多様です. 特に若年層で人気なのは, 特定のユーザと短いメッセージを交換するサービスです. メッセージ交換は友達同士の会話のようにしばしば即応性が求められることから, 長時間, SNS を利用し続けることになるなどの問題が生じています.

―― コラム ――

SNS と世代による違い

　ひとくちに **SNS** といっても多様です．ユーザの使い方によって変わってきますが，非常にざっくりいうと，主要 SNS は下記のような特徴をもっています．

- **Twitter**：文字数が制限された短い文章を不特定多数に一方向で発信できる．気に入ったユーザの発信を見たり，他のユーザに紹介できる．文字制限のために発言の真意が伝わりにくく，また不特定多数が読むので炎上（拡散され非難を浴びる）するリスクが高い．
- **Facebook**：実名で登録し，自分の友達や関連性があるユーザに対して文章や画像を発信できる．友達に見せる日記に近い．
- **LINE**：リアルタイムで友人とメッセージや画像のやりとりができる．チャット，つまりオンラインの会話インフラに近い．読み手は早々のレスポンスが求められるなどの負担が大きい．
- **Instagram**：写真を不特定多数のユーザに見せることに特化した SNS．思い出アルバムに近い一方で関心を集められる写真を撮ることが求められる．

　SNS の利用状況は性別や年齢により違います．例えば，Twitter を自己主張の道具として捉えている人がいる一方で，若い方は身近な出来事を知るためのニュースコンテンツとして捉えていることも少なくないようです．Facebook は中年以上の男性比率が高いといわれ，Instagram は若い女性の比率が高いといわれています．LINE は低年齢層の利用率は高いのですが，逆に中年以上の男性の比率は下がるといわれています．Twitter はやや低年齢層が多いといわれています．さて，何を申し上げたいのかというと，ひとくちに SNS といっても，人によって想定している SNS が違います．例えば，Facebook を念頭に児童生徒に SNS を説明しても，ぴんとこないといわれる可能性が高いでしょう．また，SNS の利用拡大が問題になっていますが，実は昔のコミュニケーション手段の代わりになっていることも多いようです．例えば，30 年以上前，当時の若者同士が夜に長電話す

ることが問題になりましたが，現代では LINE などのメッセージ系
SNS に舞台を移しているともいえます．本書では情報モラルについ
て第4章で述べますが，保護者はお子さんがスマートフォンで SNS
を長時間していることを叱る前に，自分が若い頃に友達や恋人と長
電話をしていなかったか，コンビニの前や公園で辺りが暗くなって
も友達と話し込んでいなかったかを思い出してください♠11．

♠11 50歳代以上の読者には就寝時間にラジオの深夜放送を聴いていた方も少
なくないでしょう．深夜放送では，DJ などを努めるパーソナリティの話す内
容を視聴者は身近な知り合いの話を聞いているかのような感覚で楽しんでい
た側面があります．SNS に流れる書込みを眺めて，つい夜更かしをしてしま
うのは，深夜放送を聴いているのと近い感覚かもしれません．

3 プログラミング的思考

　小学校の新学習指導要領の情報に関わる指導の2つめの柱は，思考力，判断力，表現力等となりますが，具体的には「プログラミング的思考」を育成することなります．しかし，著者のように情報学の研究者の立場から見ると「プログラミング的思考」は意味不明の用語ですし，一般の方にとってもそれは同様だと想像します．

3.1 プログラミング的思考とは何か

　新学習指導要領に向けて導入されたキーワードが**プログラミング的思考**です．このキーワードについてはプログラミングの技能取得を目的化しているのではないかという誤解があります．また，プログラミング経験のある方は，プログラミング的思考という言葉からイメージすることと，新学習指導要領で導入されたプログラミング的思考では乖離（かいり）があると思われ，プログラミング的思考の意味を誤解するかもしれません．

　そのプログラミング的思考ですが，新学習指導要領となる小学校学習指導要領解説 総則編（平成29年6月21日公表）によれば，プログラミング的思考を次のように定義しています．

　自分が意図する一連の活動を実現するために，どのような動き
の組合せが必要であり，一つ一つの動きに対応した記号を，ど
のように組み合わせたらいいのか，記号の組合せをどのように
改善していけば，より意図した活動に近づくのか，といったこ
とを論理的に考えていく力

　これはプログラミング経験のない方にはイメージしにくいところ
があり，著者なりに解説しておきます．

　冒頭の「自分が意図する一連の活動するために，どのような動き
の組合せが必要であり」について，コンピュータは命令によって動
作しますが，コンピュータが直接実行できる命令は，足し算や引き
算，結果をメモリに書込み，などいずれも単純なものばかりです．
多くの場合，プログラミング言語を使ってプログラムを作成しま
す．プログラミング言語の個々の機能はコンピュータが直接実行で
きる命令と比較すると高機能です．また，プログラミング言語は英
語などの自然言語的な表記によりプログラムを記述することができ
ます．しかし，プログラミング言語の個々の機能は人が意図してい
る活動と比べれば遙かに単純であり，複数の機能を組み合わせない
と実現できません．

　また，「一つ一つの動きに対応した記号を，どのように組み合わ
せたらいいのか，記号の組合せをどのように改善」ですが，腕のい
いプログラマであっても，1回で意図通りにプログラムを作れると
は限りません．多くの場合，作ったプログラムを実行して，意図通
りに動くかを確かめて，違いがあればプログラムを修正して意図し
た動きに近づける，という作業を繰り返すことになります．

―― コラム ――

学習指導要領におけるプログラミング的思考

　新学習指導要領に関わる議論を行った中央教育審議会では，答申「幼稚園，小学校，中学校，高等学校及び特別支援学校の学習指導要領等の改善及び必要な方策等について」（2016 年 12 月 21 日）において，

> 将来の予測が難しい社会においては，情報やその情報を扱う技術（**IT**）を受け身で捉えるのではなく，手段として活用していく力が求められる．未来を拓いていく子供たちには，情報を主体的に捉えながら，何が重要なのかを主体的に考え，見いだした情報を活用しながら他者と協働し，新たな価値の創造に挑んでいくことがますます重要になってくる

と指摘していますが，これは「小学校段階における論理的思考力や創造性，問題解決能力等の育成とプログラミング教育に関する有識者会議」がまとめた「小学校段階におけるプログラミング教育の在り方について（議論の取りまとめ）」（2016 年 6 月 16 日）が前提となっており，学校教育として実施するプログラミング教育において次のような資質・能力を育むとしています．

　【知識・技能】
　　小学校：身近な生活でコンピューターが活用されていることや，問題の解決には必要な手順があることに気付くこと．
　　中学校：社会におけるコンピューターの役割や影響を理解するとともに，簡単なプログラムを作成できるようにすること．
　　高等学校：コンピューターの働きを科学的に理解するとともに，実際の問題解決にコンピューターを活用できるようにすること．

【思考力・判断力・表現力等】

発達の段階に即して,「プログラミング的思考」を育成すること.

【学びに向かう力・人間性等】

発達の段階に即して,コンピューターの働きを,よりよい人生や社会づくりに生かそうとする態度を涵養すること.

これに対する 2017 年および 2018 年の学習指導要領改訂では,次のように小・中・高等学校段階におけるプログラミング教育を求めました.

小学校:

総則において,各教科等の特質に応じて,「プログラミングを体験しながら,コンピューターに意図した処理を行わせるために必要な論理的思考力を身に付けるための学習活動」を計画的に実施することを新たに明記

算数,理科,総合的な学習の時間において,プログラミングを行う学習場面を例示

中学校:

技術・家庭科(技術分野)において,プログラミングに関する内容を充実(「計測・制御のプログラミング」に加え,「ネットワークを利用した双方向性のあるコンテンツのプログラミング」について学ぶ)

高等学校:

全ての生徒が必ず履修する科目(共通必履修科目)「情報 I」を新設し,全ての生徒が,プログラミングのほか,ネットワーク(情報セキュリティを含む)やデータベースの基礎等について学ぶ

「情報 II」(選択科目)では,プログラミング等について更に発展的に学ぶ

3.2 なぜプログラムが必要なのか

　そもそも，**プログラム**はどうして必要なのでしょうか．例えば，会計処理に行われる計算の大半は四則演算，つまり足し算，引き算，掛け算，割り算です．その四則演算ならば電卓でもできます．しかし，電卓の場合，人間が各演算や数値に対応したボタンを押して操作しないと使えません．個々の四則演算などを手計算すること自体は省けますが，複数の演算が連続して行う場合は，その演算ごとに人間が操作しないといけないので手間がかかります．そのため，一連の動作を行えるようにして自動化して人間の手間を減らすことになります．その一連の動作を**ハードウェア**，つまり物理的な装置で実現する，例えば機械仕掛けで電卓のボタンを決められた手順通りに押す機械を作れば，一連の動作は自動化できます．しかし，少しでも動作を変える場合はそのハードウェアごと変更しないといけません．一方，プログラムは**ソフトウェア**です．一連の動作を変えるときも，プログラムを変更すれば，ハードウェアを変更することなく対応できます．

　いまのコンピュータは基本的な演算だけをハードウェアとして実現していますが，それ以外はプログラムとして定義をすることで，コンピュータを様々なことが行えるようにしています．パソコンはワープロのプログラムを動かせばワープロとして機能しますし，表計算のプログラムを動かせば表計算をする機械となります．また，ゲームのプログラムを動かせばゲームをすることができます．その意味ではコンピュータは何にでも化けられる魔法の箱なのですが，その魔法を実現しているのはプログラムに他なりません．従って，パソコン，スマートフォン，テレビゲーム機，そして研究機関が使

うスーパーコンピュータも，コンピュータとしては同じです．プログラムさえ用意してくれればスーパーコンピュータが処理する科学計算をスマートフォンやテレビゲーム機で実現することもできます．また，表計算などの事務処理をテレビゲーム機やスーパーコンピュータでも行えることになります．

コンピュータはプログラム次第で様々なことができる一方で，コンピュータに何をさせるのか，つまりどんなプログラムを作るのかは作り手側に任されることになります．また，プログラムがコンピュータを動かす命令相当である以上は，その命令を実行するコンピュータのしくみを知らないとプログラムを作れない，つまりプログラミングはできないでしょう．ただし，コンピュータの内部は複雑であり，高度な技術の集大成です．それを理解するには大学の情報系学部や学科レベルの知識は必要であり，それを小中学校などで教えることは適切とはいえません．このため，小中学校におけるプログラミング教育では，どの程度コンピュータのしくみを教えるべきか，生徒はどのような理解が望まれるのかが重要となってきます．

ところで，プログラムという言葉は，英語では program と書きますが，その語源はギリシャ語であり，その後ラテン語に取り入れられ，英語にも取り入れられた言葉となります．ここで pro とは前にという意味であり，gram とは文字による書きものであり，program は事前に示される書きものという意味になるでしょう．コンピュータの世界では，コンピュータの動作を決める手順のことをプログラムと呼びます．実際，コンピュータはプログラムがないと動かないので，語源通り，プログラムと呼ばれる実行手順を事前に用意する必要があります．

――― コラム ―――

プログラミング教育の理想と現実

　著者は仕事柄，情報工学科や情報科学科などの大学の情報系の専門教育に関わっています．大学の情報系の学部や学科の場合，情報関連の数多くの講義に加えて，週に 1 回以上の実習形式の授業を行うところが多いです．その授業では，専門の教職員が講義するとともに，学生ひとり一人がパソコンを使える実習室も用意されます．大学によっては教職員以外に，ティーチングアシスタント（TA）として情報系大学院等の院生数名が授業を手伝い，学生の個別の相談や指導支援を行うことになります．しかし，そうした丁寧な教育をしても学生全員がプログラミングできるようになるとは限らないのが現実です．

　一方で，プログラミングができなくても IT 業界で活躍できます[♠1]．というのは，IT 業界で求められる能力はプログラミングだけではないからです．例えば，通信ネットワークやユーザインターフェース，データベースなど多様だからです．例えば，ネットワーク技術者は装置の接続や設定に関する知見が重要であり，業務でプログラミングを行う機会は少ないかもしれません．また，システムを開発する場合でも，ユーザの要求を調べたり，工程管理などの多様な業務があり，その中にはプログラミングを行わない業務もたくさんあります．

　逆に，独学でプログラミングを学んだ方でも，大学の情報系学部や学科の卒業生よりもプログラミングに長けた方もおられます．プログラミングは向き不向きがあると考えるしかありません．

[♠1]実際，IT 業界は情報系の学部・学科以外を卒業した方も多いですし，プログラミングの経験のない方も少なくありません．

3.3 プログラム実行のしくみ

　本書の内容としてはやや難解なのですが，プログラム実行のしくみについて概説しておきます♠2．前述の通り，コンピュータはプログラムに従って一連の命令をひとつずつ順番に実行していきます．その命令にはいろいろ種類がありますが，ひとつ一つの命令は単純なものばかりです．詳細は 3.7 節で説明しますが，例えば足し算や掛け算などの四則演算や，複数のデータの大小の比較などです．こうした命令以外に，一連の命令の中で実行する箇所を変える命令が用意されています．これは 2 種類があり，ひとつは無条件に一連の命令の中で実行する箇所を変えてしまう命令と，もうひとつは所定の条件が成立していると実行する箇所を変える命令があります．

　コンピュータはプログラムにより高度な処理をしていますが，実際にはこうした単純な命令を組み合わせて，その高度な処理を実現しているのに過ぎません．例えば，四則演算程度しかできない電卓でも，その四則演算を組み合わせることで，平方根（ルート），三角関数や指数・対数関数を実現できます♠3．コンピュータの場合は，三角関数などの頻繁に使う数学的な関数に対応する命令は用意されていますが，高度な数学的演算など，複雑な処理に対応した命令は用意されていません．このため，その処理に対応した一連の命令を用意する必要があります．実際，ワープロや表計算などのアプリケーションソフトウェアはこうした単純な演算を組み合わせたプロ

　♠2コンピュータの内部に関心がない方は本節を読み飛ばしてください．

　♠3例えば平方根はニュートン法，三角関数や指数・対数関数はテイラー展開を用いることで，四則演算の組合せで実現できます．

グラムとなります．

　さて，コンピュータの中で命令を実行する装置を**プロセッサ**と呼
びます．プロセッサは半導体の回路で構成されており，命令を読み
込むとその回路を動かして，命令を実行します．そして，一連の命
令にある次の命令を実行することを繰り返します．さて，命令は**機
械語**と呼ばれる形式で書かれていますが，コンピュータが直接実行
できるのは機械語による命令だけです．しかも，その機械語の形式
はプロセッサの種類や製品によって違います．例えば，スマート
フォンは ARM と呼ばれる種類のプロセッサを使うことが多く，パ
ソコンは x86 と呼ばれる種類のプロセッサを使うことが多いのです
が，それぞれ機械語の形式が違ってきます．この結果，ARM 用の
機械語で表されたスマートフォン用プログラムをパソコンで直接実
行することはできませんし，その逆もできません．

　機械語という名称からもわかるように，コンピュータが読み，実
行するための形式であり，人間が読み書きすることは想定してい
ません．また，仮に読めたとしても，一連の命令はプロセッサやメ
モリなどの個々の部品を直接的に制御することになるため，コン
ピュータの内部について詳細に知らないと理解できません♠4．

♠4 30 年以上前などの古いコンピュータは，命令だけでなく，コンピュータの内部
構造も単純であり，人間が機械語を読んだり書いたりすることはそれなりの専門知識
と手間をかければ不可能ではなかったのですが，最近のコンピュータは複雑になっ
ており，コンピュータが直接実行できる一連の命令を人間が書くのは難しくなって
います．

――― コラム ―――

コンピュータ内部における一連の命令の実行

コンピュータは一連の命令を順番に実行しますが，そのとき，次にどの命令を実行するのかを示すための印をつけます．この印に相当する情報を**プログラムカウンタ**と呼びます．

(1) 一連の命令の中のプログラムカウンタが指し示す命令を実行
(2) プログラムカウンタを次の命令にずらす

これにより，一連の命令を順番に実行することができます（図3.1）．ただし，コンピュータには，プログラムカウンタが指し示す位置を明示的に変える特別な命令があります．これを通称，ジャンプ命令といいます．例えば，ジャンプ命令が指し示す先がすでに実行した箇所である場合，そのジャンプ命令を実行するとプログラムカウンタが指し示す先はその箇所となり，再びその箇所から命令を順番に実行していきます．さらに，このジャンプ命令には条件をつけることができます．条件が成立したときだけジャンプ命令を実行して，次に実行すべきところを変えることができます．プログラミング言語の条件分岐となる if 文や，条件が成立している間の同じ処理を繰り返す while 文などは，この条件つきジャンプ命令に置き換えられます．

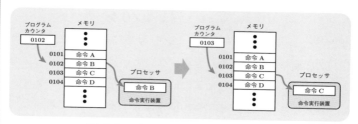

図 3.1 プログラムの実行位置と制御

3.4 プログラミング言語

　前述のようにコンピュータが直接実行できる一連の命令は機械語と呼ばれる形式ですが，その機械語を人間が書くのは困難です．そこで，人間が理解できてさらにコンピュータに指示できる表現形式として作られたのが**プログラミング言語**です．プログラミング言語は，英語などの人間が使う自然言語の単語などを取りいれることで，人間が読み書きしやすい表現形式となっています．

　その表現形式，つまりプログラムを，今度はコンピュータが読み書きしやすい表現形式の機械語にする必要があります．やや技術的になりますが，それには次の 2 つの方法があり，ひとつめはプログラミング言語で書かれたプログラムを機械語に変換することで実行します．これは，プログラミング言語で書かれたプログラムを**コンパイラ**と呼ばれるソフトウェアでそのプログラムの内容を機械語に書き換えて，その機械語を実行する方法です．もうひとつは，プログラミング言語のプログラムを解釈して実行するソフトウェアを使う方法です．そのソフトウェアを**インタプリタ**と呼びます．

　自然言語と同様に，プログラミング言語には文法が決められており，文法通りにプログラムを書かないといけません．また，コンピュータに様々な指示を与えるための単語も用意されています．ただし，コンピュータは曖昧な指示の意図をくんで適切に理解してくれるほど器用ではありません．このため，人同士の会話のように，文法の間違いやスペルミス，さらには曖昧な表現があっても適切に補正しながら，そのプログラムを実行してくれることはありません．また，プログラミング言語におけるひとつの表現はひとつの解

釈しか成り立たないようになっており，自然言語のような曖昧な表現，つまり意味が複数とれるような表現が起きないように言語が作られています．さらに，プログラムの解釈も一意になっており，同じプログラミング言語で書かれたひとつのプログラムは，実行するコンピュータが変わっても同じ動作になるようになっています．

さて，自然言語には，日本語はもちろん，英語やフランス語，中国語などの多様な言語があるように，プログラミング言語にもたくさんの種類があります．**Python** や，**JavaScript**，**Java**，**C**，**Ruby** などのプログラミング言語の名前を聞いたこともあるでしょう．それぞれは違うプログラミング言語です．このため，文法も違うし，コンピュータに指示するための単語も違います．自然言語の場合，相違な言語でも同じことを表現できることは多いのですが，プログラミング言語の場合は，それぞれが何らかの目的に応じて設計されているので同じことを表現できないことが多くあります♠5．例えば，Python は比較的簡易にプログラムを作るための言語ですし，JavaScript はウェブコンテンツ向けの言語です．Java は**オブジェクト指向プログラミング**と呼ばれる手法に基づく言語で，業務系システムを含めて広く使われています．C はオペレーティングシステム（OS）を作るときなど，ハードウェアをプログラミング言語によるプログラムで制御するときに使われています．多くのプログラミング言語は英語的な単語や記号の組合せでプログラムを書きますが，日本語など，英語以外の言語を使うプログラミング言語もあります．

♠5機能や目的に大差がないプログラミング言語もあります．なお，プログラミング言語の設計・実装は専門知識があればできることから，開発者や企業の思惑や都合により，様々なプログラミング言語が作られてきたからです．

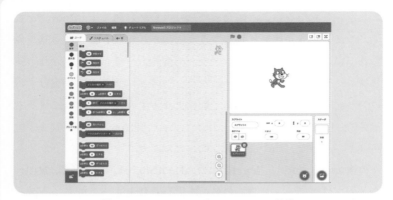

図 3.2　Scratch のプログラミング環境

　なお，小中学校におけるプログラミングでは，**Scratch** に代表される**ビジュアルプログラミング**言語を使うことが多いと思われます（図 3.2）．前述の Python や JavaScript，Java，C を含むプログラミング言語の多くはテキスト形式でプログラムを書きますが，文法や単語のスペルなどを覚えてそれを正しく入力することが前提となるため，初学者の場合，プログラミング言語の文法やコンピュータに指示するための単語を覚えるのは大変ですし，短時間のプログラミングを体験させたい場合は文法や単語を覚えるだけになってしまいます．一方，Scratch の場合，ブロックと呼ばれるビジュアルパネルを並べることで，キャラクターを動かすことや音を鳴らすなどの動作に加えて繰り返しなどの処理を実現できるため，単語を覚えることはなく，また文法に関わる制約もビジュアル的な操作に隠蔽されていることから，初学者にとっての負担は少ないことになります．

しかし，ビジュアルプログラミング言語は前述のテキスト形式の言語に劣る点もあります．そのひとつは，ビジュアルプログラミング言語の表現性が劣るために複雑な処理のプログラムが書けるとは限らないことです．また，ビジュアルプログラミング言語は小規模のプログラムであればプログラムの可視化によりプログラムを把握しやすいのですが，対象のプログラムが複雑になってくると画面に入りきらないなどしてプログラム全体の把握が困難になりがちで

――― コラム ―――

プログラミング言語？ それともプログラム言語？

英語では Programming Language とは表記しますが，Program Language と表記することはないはずです．ところが，コンピュータの用語を日本産業規格（JIS）に定めるときに，プログラミング言語ではなく，プログラム言語で登録してしまったのです．正式にはプログラム言語と呼ぶべきなのですが，英語的にはおかしいことになりますし，おそらく海外では Program Language と喋っても通じないことが多いでしょう．同様の問題は他にもあります．Python や Ruby などのプログラミング言語を日本ではスクリプト言語と呼ぶことが多いですが，海外では Scripting Language と表記します．Script には台本の意味があり，日本の感覚で Script Language と表記すると台本言語と勘違いされるかもしれません[♠6]．日本の IT 業界の用語には Japanese English が少なくないですし，英語も独特の発音をしていることも多いです．

[♠6]日本の IT 業界には数多くの外国人が働いていますし，職場の公用語も英語というところも少なくありません．ただ，そうした職場に伺うと，英語ネイティブの方々が日本人の英語に合わせて Script Language と呼びますし，発音も日本人の英語に合わせて日本人の同僚が聞き取りやすいように話している光景を見ることがあります．

す[7]．このため，ビジュアルプログラミング言語はあくまでも初学者に向いていても，大規模なプログラミングには向いているとは限らないことを念頭に置いて利用すべきでしょう．

―――― コラム ――――

英語ネイティブの方がプログラミング言語を理解しやすいのか

現在使われているプログラミング言語の多くは英語をベースにした単語，例えば while や then などを多用します．しばしば，英語ネイティブの方がプログラミングには向いているという説があります．しかし，著者が英語ネイティブの方々にこれを何度か尋ねたことがありますが，彼らは否定しますし，むしろ非英語ネイティブの方がプログラムを楽に読めるはずだと逆の指摘をされます．これは法律の条文を思い浮かべるといいでしょう．日本の法律の条文は日本語で書かれていますが，独特のいい回しがあり，単語の使い方も日常の使い方と同じとは限りません．このため，法律の条文を読むには，日常で使われる日本語と法律における日本語の違いを意識しないといけないことになります．同様に，英語ネイティブの方からすると，プログラム中の英語は日常の英語と違うので，むしろ戸惑ってしまうそうです．なお，かつて日本語をベースにしたプログラミング言語はいろいろ開発されましたが，広く使われることはなかったようです[8]．

　[8]専門的な話題になりますが，オブジェクト指向プログラミングの場合，多相性を考えると動詞が語尾にくる日本語の方が英語よりも扱いやすいという考え方もできます．

―――――――――――

　[7]ビジュアルプログラミング言語で大規模なシステムを記述し，全体を見ようとすると，サッカーのグランドのような広い画面が必要になってしまいます．その中で特定の処理を探すだけでも一苦労することでしょう．

—— コラム ——

よいプログラミング言語とは

しばしば受ける質問に，よいプログラミング言語はどれですか？があります．職業プログラマであればその答えは簡単で，稼げるプログラミング言語となるでしょう[♠9]．もちろん，それは極論としても，プログラミング言語の相違はどんなプログラムが書けるのかについては大差がありません[♠10]．むしろ，書きたいプログラムを簡単に書けるのか，プログラムの実行速度を速くしたいのか，ミスの少ないプログラムを書きたいのか，メンテナンスが楽なのか，などの要求に応じてプログラミング言語を選ぶことになります．

小中学校のプログラミング授業という観点では，プログラミング実習を行うコマ数が少ないことと，プログラミングの指導経験がある教職員は少ない状況を鑑みると，プログラミング言語の選択は，最小の予備知識でプログラミングが始められ，さらに教職員またはその補助者が教えられるものを使うべきと割り切るのもひとつの考え方です．家庭ならば保護者が教えられるプログラミング言語でもいいでしょう．

小中学生向けのプログラミング教室では，例えば Python などの特定のプログラミング言語はデータ分析や AI などで人気であり，それを小学生のうちに習えば将来も安心という旨の宣伝をしているところもあるようです．確かに Python は当節人気な言語ですし，比較的初学者に向いている言語かもしれません．しかし，いまの小学生が大人になる頃にどんなプログラミング言語に需要が集まっているかはわかりません．特定のプログラミング言語を覚えることよりも，プログラミングの背景の考え方を体験した方がいいでしょう．

[♠9]プログラマの給与は使えるプログラミング言語によって違うのです．

[♠10]コンピュータサイエンスの専門的な観点でいえば，チューリング完全な（チューリング機械と同等の計算能力をもつ）プログラミング言語であれば記述できるプログラムは本質的に同じです．

3.5 プログラミングより大切なこと

　プログラミング教育というと，何らかのプログラミング言語を用いてプログラムを書くこと（つまりプログラミング）そのもの，つまり方法（how）に注目しがちです．そのプログラムを書くことも重要ですが，さらに重要となるのは，コンピュータに何（what）をさせたいのかを明らかにすることです．コンピュータに何をさせたいかを間違えると，プログラムを書いたところで役に立たないプログラムとなります．

　実際，企業などのソフトウェア開発では要求分析などと呼ばれ，開発過程でも最重要なフェーズになります．というのは，ソフトウェアに求められている要件を間違えると仮に開発されたプログラムが要件を満足していても無用なものになるからです．しかし，要件を明らかにする，つまりコンピュータに何をさせたいのかを明らかにするのは簡単ではありません．

　企業におけるソフトウェア開発でも，その開発前に，これから開発しようとしているプログラムで提供すべき機能を把握できているとは限りません．このため，企業の業務に関わるプログラムを開発するときは，その企業の当該業務においてどのような課題があるのかを調べて，次にその課題を解決する方法を考え，そしてその方法を実現するにはどのような機能をもつプログラムとすべきかを明らかにします．それから，その機能を実現するプログラムを設計して，次にその実装，つまりプログラミングを始めることになります．

　さらに，ネットワークサービスなどでは，コンピュータを使った新しく便利なサービスが大きな収益につながります．その場合，そ

うしたサービスを思いつくことが重要となります．そして，その
サービスを実現するにはコンピュータに何をさせるかを考えること
になります．ネットワークサービスの場合は，プログラムを書くと
いうことよりも，その前の段階が差別要素となります．

　これはゲームソフトウェアの開発にも当てはまります．ルールが
定まったゲーム，例えば囲碁や将棋であればゲームソフトウェアが
実現すべき機能は想像がつきますが，新しいゲームの場合，そもそ
もどんなゲームを作ればいいのかはわかりません．ユーザは面白い
ゲームを欲しがるわけですが，ユーザはどんなゲームが面白いのか
はわかっていません．ゲーム開発では，まずは面白いゲームのアイ
デアを思いつくこと，そしてどうすればさらに面白いゲームにな
るかを考え抜くことで，ゲームのアイデアを具体化します．それか
ら，そのゲームをプログラムとして実現していくことになります．
どんなにそのゲームへ実装するプログラムが優れていても，その
ゲームのアイデアがつまらないのであれば面白いゲームにはならな
いでしょう．

　しかし，小中学校はもちろん，大学におけるプログラミング教育
では，学生にプログラミングの課題を出すときは教師や教職員が作
成すべきプログラムの機能などを与えてしまうことが大半です．ま
た，後述するように，学習指導要領のプログラミング的思考では課
題に相当する「自分が意図する一連の動作」は児童生徒に与えるも
のであり，児童生徒が考えることは想定していないようです．この
結果，児童生徒や学生から見ると，「コンピュータに何をさせたい
のか」は教職員が天下り的に与えることとなり，児童生徒および学
生自身がその何（what）を考える機会がなく，ソフトウェア開発に

おいて一番大切な部分を教わらないことになります．せめて，課題
として与えたプログラムの機能要件に加えて児童生徒や学生自身に
欲しい追加機能を考えさせ，それをできる範囲で実装させてみるこ
とまでを行うべきでしょう．

───── コラム ─────

新学習指導要領のプログラミング的思考に欠けていること

　新学習指導要領となる小学校学習指導要領解説におけるプログラ
ミング的思考の定義は，前述のように「自分が意図する一連の活動
をするために，どのような動きの組合せが必要であり，…」ですが，
その「自分が意図する一連の活動」をどのように見つけるかは書か
れておりません．このことから推測されることは，新学習指導要領
のプログラミング的思考とは，児童生徒が教職員などから天下り的
に与えられた「意図する一連の活動」をプログラムとして実現する
能力を求めているのであって，児童生徒自ら「意図する一連の活動」
を考えることは求めていないと考えられます．つまり，プログラミ
ングというやり方（how）を教えようとしていますが，プログラミ
ングで何（what）を作るかを教えることは想定していないことにな
ります．

　この背景は，プログラミング教育に割ける授業のコマ数が少ない
ことに加えて，教える側の立場になると，生徒自身が意図する一連
の活動を考える，つまり何（what）を作るかを考えると生徒児童そ
れぞれの作る対象に応じて指導するのは負担が大きいことが挙げら
れます．しかし，従前の大量生産的工業とIT産業の違いは，前者
は与えられた作業をする人材が必要でしたが，後者は新しいアプリ
ケーションなどの新しいアイデアを考えつくことです．

　少なくともプログラミングで何を作るのかを重視しないと，Apple
社の創業者のジョブズ氏やFacebook社の創業者であるザッカー
バーグ氏のような人材育成はできません．というのは，彼らはプロ

グラミングの能力が長けていたのではなく，どんなプログラムを作るとよいのか，つまり意図を考えついたから大きな成功を収めたのです．彼らは極端な例かも知れませんが，情報の世界では新しいアイデアが重視されます．例えば，世の中，よりよくするような新しいサービスを思いつくことが重要であり，そのサービスを実現するプログラムを作ること自体は誰かに頼むこともできます．現在，先進国以外でも大学を含めてプログラミング教育は広がっており，世界中で意図通りのプログラムを作る人材は大量供給されつつあり，希少性は減ってくるはずです．

　さて日本の IT 産業の国際競争力は弱いです．実際，日本の企業が作ったシステムやサービスには世界中で使われているものは少ないです．この背景は，日本のソフトウェア開発会社の多くは，日本は仕様書と呼ばれるソフトウェアとして実現すべき機能が詳細に書かれた指示書通りに開発する事業となっており，ソフトウェア開発会社が独自に新しいソフトウェアを作るところは少なく，その結果，世界中で使われるような新しいアイデアに満ちたソフトウェアも出てこないことになります．いまからでも，仕様書通りに開発する，つまり他人の考えた意図を実現するプログラムを作る人材より，意図を考える側の人材の育成に重点をおくべきです．しかし，仕様書通りの開発しかしていない企業にとっては，まずは意図通りに開発する人材を求めてしまいがちですし，政府に対してその意図通りに開発する人材育成を要望することになります．

　少なくとも，新学習指導要領のプログラミング教育を受けた児童生徒は，プログラミングは与えられた課題という意図を実現する行為という印象をもつことになりかねず，むしろ日本の IT 産業の国際競争力を落とすかもしれません．

3.6 プログラミングの流れ

　プログラミングの流れは建築物を作るときの流れに近いところがあります．家を作るときは，まず，その家の設計図を作りますが，プログラムにも設計図が必要であり，プログラミングを始める前に作る必要があります．さて，建築物の設計図を作るときは，まずは間取りなどを示す大まかな設計図を作り，柱などの構造設計図，外装や内装などの詳細設計図，電気などのユーティリティ関連の設計図も用意していきます．ソフトウェアにおいても，大まかな全体設計図を作り，さらにその詳細を示す設計図を作ってきます．

　さて，プログラミングに関わる作業の流れを整理すると，① 意図する活動を明確化すること，つまりコンピュータで何を実現したいのかを定める段階，そして② 「活動」を実現するためにどんなプログラムを作るのかという設計を行う段階，③ その設計に応じて活動をプログラムとして実現する，つまり狭義のプログラミングを行う段階，④ そのプログラムが「活動」を実現しているかを確かめる段階があります．また，プログラムの不具合が見つかれば②以降に戻ることになりますし，意図する活動が変われば①からやり直すことになります．

　ここで重要なことは，プログラミングには作業の流れがあることと，特にプログラムを書き始める前にしておくことがあることを理解することです．例えば，後述するように企業のソフトウェア開発では，図 3.3 のように①に相当する部分に多くの時間と手間をかけます．また，②を丁寧に行うことで，③の作業を迅速に行えるようにします．また④の結果で不備が見つかると②や③に戻ること

になります．なお，企業のソフトウェア開発では，①から④を順番に行う方法（通称，**ウォータフォール方式**と呼びます）だけではなく，**アジャイル方式**と呼ばれる①から④を短い期間で繰り返すことで徐々に作っていく方法もありますが，いずれにしても①から④の流れそのものは変わりません．

　ところで，授業の例題プログラムの場合，設計図を作らずいきなりプログラミングを始めているかもしれません．それは授業の例題プログラムが単純であり，規模も小さいからに過ぎません．逆にいえば，例題プログラムを前提に設計図を作らないプログラミング教育を繰り返しても，より複雑または規模がある程度大きいプログラムを作れるようにはならないでしょう．小中学校に限らず，大学のプログラミング授業であっても，実際のソフトウェア開発とは違うことを教える側も教わる側も認識しておくべきです．

　なお，授業や課題で作るプログラムは授業や課題が終わればその

図 3.3 ソフトウェア開発の流れ

プログラムが使われることは少ないでしょう．現実のプログラムの場合，プログラム自体が完成しても終わりではありません．プログラムはそれ自体に不備がなくても使われ方が変わることがあります．例えば，会計処理のプログラムの場合，税金の制度が変わればプログラムの改変が求められることがあります．また，そうした改変はそのプログラムを作ったプログラマが行うとは限りません．このため，そのプログラムの中身について説明するドキュメントを作っておかないといけません．

―――― コラム ――――

新しいコンピュータよりも枯れたコンピュータ

　IT は日々進歩していることもあり，新しい技術が望まれると思っている方も多いでしょう．しかし，それは分野によります．ボーイング 777 という旅客機をご存知でしょうか．世界の航空会社において主力として活躍している大型旅客機です．飛行機は数多くのコンピュータを搭載しており，その中で飛行制御を行うコンピュータは飛行機の心臓部であり，飛行機の安全性に直結します．このため，

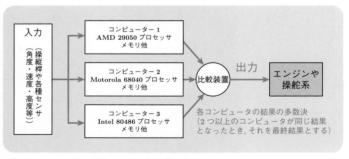

図 3.4　旅客機の制御システム

飛行機メーカはコンピュータの信頼, 例えば何らかの問題でコンピュータがプログラムの意図とは違う処理結果を出してしまうことを恐れます. 特に, 飛行機の場合は, 宇宙から飛んでくる宇宙線がコンピュータに当たるとデータが狂う可能性は地上のコンピュータよりも高いといわれています. このため, 3 台のコンピュータに同じ処理をさせて, その結果は多数決をとる, つまり 2 台以上のコンピュータが同じ結果となることを前提にしています. このように, 複数のコンピュータに同じ処理をさせてその結果が一致するかを調べることは飛行機だけでなく, ロケットなどでも広く使われています. さて, ボーイング 777 を設計・製造している Boeing 社はコンピュータのハードウェアが間違いをすることを恐れて, 飛行制御のためのコンピュータについては, 長年使われて信頼性が高いとされている, 3 種類の異なるコンピュータ (Intel 社の 80486(i486), AMD 社 29050, Motorola 社 MC68040 の 3 種類のプロセッサ) に処理をさせて, その結果を比較しています (図 3.4). これらのコンピュータはボーイング 777 の設計・開発当時を考えても新しいとはいえません. 新しいコンピュータの場合, そのハードウェアそのものはもちろん, コンパイラにも間違いが残っている可能性があります. これまで様々な利用実績があり大方の間違いが見つかっているコンピュータ, いわゆる枯れたコンピュータを使うことが望まれるのです.

なお, 相違なものを使っているのはコンピュータのハードウェアだけです. 信頼性を考えると飛行制御のためのプログラムも 3 種類用意すべきですが, 1 種類のプログラムを使っています. というのは, プログラムの間違いを見つけるのは大変なため, 3 種類のプログラムを用意すると間違いが増える可能性があるので, 1 種類のプログラムだけにして, そのプログラムの間違いを徹底的に減らすという戦略をとってきました. つまり, 間違いのないプログラムを作ることは難しいのです. 飛行機の飛行制御プログラムに限らず, 人の生命に関わる処理をするプログラムの開発では, プログラマが 1 日に書くプログラムは 10 行以下であることは少なくありません. というのは, プログラムを書くことよりも, プログラムに間違いがないことを確認する作業に大きな手間がかかるからです.

3.7 プログラムの構造

　プログラミング言語に用意された複数の命令の中からコンピュータに実行させたい動作を実現するように命令を選択して，それを組み合わせることでプログラムとなります．プログラミングの経験がない方からするとプログラムは難しく感じるかもしれませんが，3.3 節で説明したように，基本的にはコンピュータの機能に対応した**命令文**と，その命令文を組み合わせるための**制御文**の二種類から構成されています．表 3.1 のように，命令文は大きく分けて 4 種類あります．(1) 入力を行うための命令，(2) 出力を行うための命令，(3) 変数の読み書き，(4) 演算を行うための命令です．また，制御文も 3 種類あります，(A) **順次実行**，(B) **分岐実行**，(C) **繰返実行**です．

表 3.1　プログラムの構成要素

命令文	入力関連	キーボードやマウスなどから入力，ファイルからの読込み，ネットワークから受信
	出力関連	画面への出力，ファイルへの書出し，ネットワークへの送信
	変数関連	変数からの読出し，変数への書出し
	演算関連	四則演算，論理演算，文字列処理
制御文	順次実行	順番通りに上から実行
	分岐実行	条件により部分プログラムを実行
	繰返実行	条件が成立する限り部分プログラムを繰り返して実行

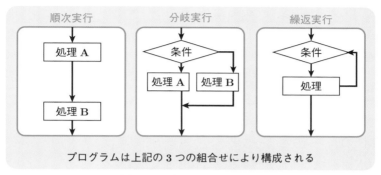

順次実行　　　　　分岐実行　　　　　繰返実行

処理 A

処理 B

条件

処理 A　処理 B

条件

処理

プログラムは上記の 3 つの組合せにより構成される

図 3.5 プログラムの制御文

図 3.5 にその 3 種類の制御文を図示しておきます.

　まず 3 種類の制御文ですが,順次実行は並んでいる命令文をその順番に実行することです.テキストベースのプログラミング言語の大半は,実行したい命令文を実行したい順番で左から右へ,さらに上から下に書いていきます.そして,プログラム中の命令文は,左から右へ,そして上から下の順番で実行されます.つまり順次実行となります.基本的にプログラム中で実行される箇所はたかだか 1 箇所です♠11.このため,コンピュータにやらせたい動作を順番に書いていけばよいことになります.横書きの文章を思い起こせばいいでしょう.

　分岐実行とは,何らかの条件と 2 つの部分プログラムを与えて,その条件が成立すれば部分プログラムの一方を実行し,逆に成立しなければもう一方を実行することとなります.例えば,入力を受け

♠11並列プログラムやマルチスレッドプログラムなどでは複数箇所が同時に実行しますが,職業プログラマにとっても難易度が高く,小中学校のプログラミング教育では実行箇所はたかだか 1 箇所と考えてよいでしょう.

つける命令文を実行したところ，入力が「Y（yes）」だったときは部分プログラム 1 を，「N（no）」だったときは部分プログラム 2 を実行するなどがあります．

そして，繰返実行ですが，これは所定の部分プログラムを何らかの条件が成立するまで繰り返して実行する処理となります．プログラム中で前述の順次実行で命令文をつないで動作を作っていくと，同じ動作を何度も行うことがあります．その場合は繰返実行を使って，同じ動作の部分プログラムは 1 回しか書かないようにします．例えば，同じ動作を何度も行うのに順次実行でその部分プログラムを書いていると，仮に動作を変更する場合，その部分プログラムの全部を書き換えないといけません．しかし，繰返実行で部分プログラムを 1 回しか書いていなければ，その部分プログラムを書き換えるだけで済みます．

次に，プログラムを理解する上で重要なのは，制御文と命令文に加えて**プログラム変数**です．プログラムの実行途中の結果や入力となる値や文字列などを変数に保持します．変数はデータを入れる容器であり，それぞれに名前がついています．基本的には数学の変数と同じです．プログラミング言語によっては変数に入れられるデータは整数，小数点つき数値，文字列など種別が決まっていることもあり，その種別のことをデータ型と呼びます．プログラミングでは，意図する動作を実現するプログラムを実行すると，どのような値や文字列が生じるのか，それを保持する必要があるのかを考える必要があります．また，変数をうまく使うことで，プログラムをコンパクトにすることができます．

例えば，1 から 10 の数を足し合わせるプログラムを考えましょ

う．ひとつの方法は下記を計算することです．

$$1+2+3+4+5+6+7+8+9+10=$$

これも間違いではありません．しかし，足し合わせる数が 1 から 100 になったら，全部を書き出すのは容易ではないはずです．その場合，繰返実行と変数を組み合わせることにより，コンパクトに記述することもできます．例えば，ある変数 x に初期値に 0 を入れておき，$x+1$ を行い，変数 x に入っている数値に 1 を足した結果を再び変数 x に書き込む．これを 10 回繰り返せば 1 から 10 の数を足し合わせることになります．図 3.7 では，1 から 100 の数の足し合わせを Python 言語で書いたプログラムと♠[12]，その動作を図示します．

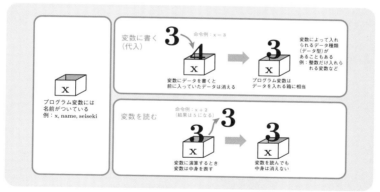

図 3.6 プログラム変数とは

♠[12]range( ) 関数を使えばもう少し手短に繰り返し処理を書けますが，ここではプログラムの動作がわかりやすいプログラムにしています．

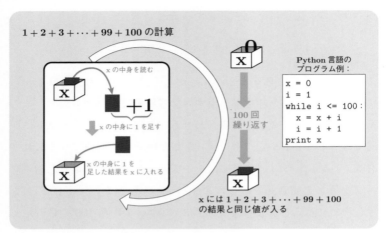

図 3.7 1〜100 までの整数の合計を求める

---------- コラム ----------

繰り返される動作を見つける

　さて，日常生活における活動の中には何度も実行される動作があります．例えば，歯磨きでは口の中を歯ブラシでブラッシングする動作そのものは歯磨きをしている間に何度も行われます．給食の配膳の場合，ある料理をお皿に盛りつけるという活動はお皿の枚数分繰り返されることになります．コンピュータを使ったプログラミング実習も重要ですが，児童生徒自身に身のまわりの繰り返しを見つけてもらうこともプログラミング的思考の育成において有益です．

3.8 プログラミングにおいて求められること

そもそも，プログラミングにおいて求められる能力にはいろいろな考え方がありますが，著者は① **体系的思考**，② **分解能力**，③ **表現力**，④ **抽象化能力**の4つだと考えています．

まず，①の体系的思考は前述のコンピュータに何をさせたいのかを明らかにする能力です．このときに網羅的かつ体系的にプログラムに求められる要件や機能を整理できることが重要です．プログラミングには体系的な手順があり，闇雲に書いてもうまくいきません．その体系的な手順とは，まずプログラムに求められる機能を網羅的に列挙します．そして，その機能を実現するプログラムを設計し，プログラミングにより実現します．そのプログラムは1回で正しく動くことはまずないので，何が間違っているかを見つけて，それを修正することを繰り返します♠13．

②の分解能力はコンピュータに実現させたい動作をプログラムとして実現するために細かい動作に分解していく能力となります．

③の表現力は，②で分解した動作をプログラミング言語を使ってプログラムに置き換えるときに，そのプログラミング言語で表現できる形で動作を実現できる力です．

④の抽象化能力は①や②とも関わりますが，対象のうち関心事だけに着目して，他は無視する能力のことです．

しばしばプログラミングというと③に注目がいきますが，プログ

♠13プログラムの機能の見定めや設計，実現などのサイクルを比較的小さいサイクルで繰り返すアジャイルプログラミングが近年では話題になりますが，こうして体系的に考えることはアジャイルも同じです．

ラミングの前段階として①と②は重要です．④はいささかわかり
にくいかもしれませんが，一言でいうと，対象の要点だけをとりあ
げることです．プログラミングでは様々な抽象化が求められます．
そのひとつは，プログラミング前の，プログラミング対象に関する
抽象化です．例えば，左右が対象な三角形を描いた相違な図が複数
あったときに，その複数の図を眺めることで左右が対象な三角形に
共通する性質，つまり 2 辺が同じ長さであることを見いだすには抽
象化能力が必要です．人間のある活動をプログラミングで自動化し
ようとしてその活動を観察したときに，複数のその活動を見ること
により，個別の活動に依存した部分と共通する部分が見えてくるこ
とになりますが，抽象化により前者を排して，後者を取り出すこと
が重要です．逆にこの抽象化に失敗すると，個々の活動における不
要な部分までプログラミングすることになってしまいます．また，
プログラミング中にも抽象概念が必要です．例えば，図 3.7 の 1〜
100 までの整数の和を求めるプログラムでは，変数の中身に足した
1, 2, 3, ... のような数値を書き込むことはせずに，変数を使って，
値そのものを使わないように抽象化します．

　ここで考えないといけないのは，小学校低学年の生徒の場合，変
数の抽象化に慣れていないことです．低学年の場合，プログラミン
グの対象となる活動をプログラム向けに整理することや，変数を
多用するプログラミングは苦労することが想定されることになり
ます．

3.9 実現したいことをプログラムに変えるには

　プログラミング言語は，コンピュータが直接実行できる機構よりは高機能ですが，人がコンピュータに実行させたいこと，つまり前述のプログラミング的思考の定義でいえば「自分が意図する一連の活動」をそのままひとつの命令で表現できるほどは高機能ではありません．このため，プログラミング言語の複数の機能を組み合わせて実現することになります．

　このとき，その意図する活動を実現するために，プログラミング言語の複数の機能とその組み合わせ方を想像できるとは限りません．そこで，その実現したい活動を小さい単位の活動に分解していきます．また，場合によっては分割した機能をさらに分割することもありえます．これは，例えば算数においても，難しい問題も小さくて扱いやすい問題に分けて，それぞれの小さい問題を解いていくことにより当初の問題を解くことができることと同じです．

　この分解ですが，プログラミングにおいては不可欠な作業であり，児童生徒の身近な活動で小さい活動に分解することは，プログラミングそのものではありませんが，プログラミング的思考の育成には有用です．例えば，歯を磨くという行為でも，歯ブラシを用意する，歯磨き粉を歯ブラシにつける，口を開ける，歯ブラシを口に入れて…というように細かい動作に分解することができるはずです．もちろん，小学校であれば2桁以上の数の掛け算や割り算でもいいですし，給食の配膳でもいいでしょう．

　プログラムとして実現するには分解した活動を適切に組み合わせないといけません．多くのプログラミング言語では，プログラムと

して書かれた動作をひとつずつ順番に実行していきます．実現したい活動を構成する小さい単位の活動を，実行される順番に考えるのもひとつの方法でしょう．前述の歯磨きの例であれば，児童生徒に歯磨きのとき動作を思い浮かべてもらって，何をするのかを順番に挙げていってもらうのでもいいでしょう．

　また，動作によってはある条件が成り立つときだけ実行されることもあります．例えば，割り算であれば，割り切れる場合と割り切れない場合は扱い方が違います．多くのプログラミング言語では条件に応じて実行するプログラムを切り替える機能（条件分岐文）をもっています．プログラミングでは条件によって動作内容が変わるか否かを常に考えるようにするとよいでしょう．

　さて，活動の中には全体の活動の中で何度も実行されるものがありえます．例えば，歯磨きでは口の中で歯ブラシをブラッシングする動作は何度も行われているはずです．給食の配膳の場合，ある料理をお皿に盛りつけるという活動はお皿の枚数分繰り返されることになります．そうした活動を見つけることはプログラミング的思考の育成において重要です．というのは，実際のプログラムは同じ動作を繰り返し行っていることは多いですし，多くのプログラミング言語は繰り返して同じ動作を実現する機能（**ループ構文**）をもっています．プログラミングでは，前述の分岐的な実行と同様に，同様の処理が繰り返されるのか否かを意識することも大切です．

　また，繰返しに限らず，全体の活動を行うに当たって，分解した活動の中には何度も実行されるものがあることがあります．プログラミングでは同じ処理のプログラムはひとつにすべきという考え方があります．これは，その何度も実行される処理を改変するとき，

その処理を実現するプログラムが複数箇所にあるとそれぞれを修正する必要があるからです．このため，ある活動が何度も実行されるとき，その活動に対応したプログラムをひとつにして，その活動を実行するたびに呼び出せるようにします．これを関数やサブルーチンと呼び，実際のプログラムの大部分が関数やサブルーチンであることがあります．

さらに，分解した動作を組み立て始めてから分解の仕方に問題があったことに気づくこともあるでしょう．実際，プログラミングでは手戻り，つまり前の段階に戻ってやり直すことがあります．早い段階に手直しをしないと問題が深刻化するだけですから，手戻りは積極的に行うべきです．プログラミングが上達するにつれて，こうした手戻りが減っていくでしょう．

——— コラム ———

演繹的発想と帰納的発想

ご存知のように論理的思考の基礎に演繹的発想と帰納的発想という2つの相反する概念があります．両概念を手短に説明すると，**演繹的発想**とは対象の何らかの性質を仮定してその性質から結論を導き出すことです．一方，**帰納的発想**は対象を観測し共通点を見いだすことで結論を導き出すものです．プログラミングでは両発想を使い分けることになります．

―――― コラム ――――

プログラミングは設計なのか製造なのか

　1990 年代，ソフトウェアは家電製品や機械などの工業製品の設計・製造手法を利用して作られるべきとして，国内大手 IT 企業はソフトウェア工場と呼ぶ拠点まで作る時代がありました．しかし，そうした名称が残っていないということはうまくいかなかったのでしょう．プログラムはソフトウェアの中でも主要な対象であり，ソフトウェア工場の主要作業はプログラムを作ることでした．しかし，プログラムを作る作業であるプログラミングは製造といえるのでしょうか．むしろ，設計に近いといえないでしょうか．プログラムを含めてソフトウェアはコピーすれば増やすことができます．つまり，製造ができるのです．そうなると，プログラミングは製造の前の段階となる設計に相当するといえます．

　このプログラミングを，製造ではなく設計と捉えられるかは産業施策や企業経営の分岐点になります．製造であれば，たくさんの作業者を集めれば製造数は増やせるでしょう．しかし，設計の場合，設計者が多いからといってよい設計ができるとは限りません．むしろ，少数でいいので才能のある人を集めた方がうまくいくようです．しかし，日本の企業はいまもプログラミングを製造と捉えていることが多く，開発人数は多ければ多いほどいいという発想にいきがちであり，ソフトウェアの開発コストも開発に関わる人数で計算する習慣（人月換算）が続いてしまっています．

———— コラム ————

小中学校のプログラミング教育は効果があるのか

　著者は情報分野の研究者であり，教育者ではないので，小中学校のプログラミング教育の効果については語る立場ではありません．ただ，大学においても，プログラミング教育をしても対象学生全員がプログラミングができるには至っていません．それを考えると，小学校において算数や国語，総合学習などの授業の中に不定期かつ短時間のプログラミング教育を行ったところでプログラミング体験の域を超えることはなく，対象となる生徒児童全員がプログラミングが身につくことを期待するのは無理なはずです．実際に小中学校のプログラミング実習は，単にプログラミングを体験するだけで終わる児童生徒が大半になるかもしれません．ただ，著者としては体験するだけでも十分と考えます．というのは，プログラミングに接する機会がなければ，プログラミングが好きなのか嫌いなのか，向いているのか向いていないのかもわかりません．その機会を平等に与えるという点では，小中学校という公教育においてプログラミングを扱うことには一定の意味があるのかもしれません．そして，学校授業におけるプログラミング体験を契機にプログラミングに興味をもつ児童生徒が少数でも出てくれば十分なのかもしれません．ただし，現状はそうした児童生徒の興味を伸ばすしくみが整っているとはいえず，興味の維持は難しい状況です．

―― コラム ――

プログラミング人材育成では教師よりもメンター

　世の中の職業プログラマはどのように育ったのでしょうか．大学や専門学校におけるプログラミング教育を受けた方がいる一方で，教育機関で情報の専門教育を受けたことがなくても職業プログラマとして活躍されている方も多くいます．そうした方の場合，職場で働きながらプログラミングに長けた先輩プログラマから学んだ結果，プログラミングができるようになったケースも多いです．こう書くと弟子が親方に習うような徒弟制を思い浮かべるかもしれませんが，むしろ新人とメンターの関係に近いのが実状です．というのは，プログラミングの場合，まずはプログラムを書いてそれをコンピュータで動かして試すことが簡単かつ即座に行えます．それを繰り返すことで，ある程度のプログラミング能力がつきます．しかし，新人ではどうしても解決できない問題が出てきます．そのときに，メンター役の先輩プログラマにその問題に対する解決策を教えてもらうことになります．逆にいえば，新人プログラマが伸びるか否かは，よいメンターに恵まれたのか否かによるところが大きいようです．

　メンター役と並んで有用なのは，他人のプログラムを読むこととされています．多くの教育は真似るところから始まります．それはプログラミングも同じでしょう．プログラミングの場合，腕のいいプログラマが作ったプログラムはよい見本となることが多いです．例えば，企業のソフトウェア開発プロジェクトでは，先輩を含めて同僚が書いたプログラムを見られることが多いでしょう．また，**オープンソースソフトウェア**（OSS）として様々なソースコード（プログラミング言語で書かれたプログラム）が公開されています．OSS の開発に関わるプログラマはそもそもプログラミング能力が長けた人が多いので，OSS はプログラミングのお手本となります．

3.10 プログラムが動かないとき

プログラムができたら実行するわけですが，1回で意図通りに動くプログラムとなることは少ないでしょう．初学者に多いのは文法の間違いです．日本語や英語のなどの自然言語に文法があるように，プログラミング言語にも文法があります．このとき，自然言語は多少文法が間違っていても意味が通じますが，プログラミング言語の場合，その言語で書かれたプログラムに文法の間違いがひとつでもあれば，そのプログラムは動きません．こうした文法の間違いのことを**文法エラー**（Syntax Error）といい，実行しようとしても文法が間違っているというメッセージが表示され，そのプログラムが実行されることはないでしょう．間違いをなくす正攻法はプログラミング言語の文法を理解することですが，**統合開発環境**（IDE）と呼ばれるプログラミング作業用アプリケーション，例えば **Eclipse** や **Visual Studio**，**PyCharm** などを使っている場合はプログラムの編集環境において自動的に文法との整合性を調べてくれるので，たいていの文法の間違い（文法ミス）はプログラム作成中に教えてくれます．しかし，文法以外の間違いは教えてくれません．

プログラミングを書いたら，実行して，修正して，また実行して…を繰り返すことになります．これは，プログラミングを生業としている職業プログラマでも同様に修正と実行を繰り返すことになります．このときにプログラミング能力の差が出るのは，書いたプログラムが動かなかったときの対処の仕方です．前述のプログラミング的思考の定義で「より意図した活動に近づくのかを論理的に考えていく力」とありますが，書いたプログラムが所望した通りに動

かなかったときに，どこかに間違いがないのかを理詰めで考えて，それを的確に修正できる方がいる一方で，闇雲にプログラムを修正してしまう方がおられます．プログラムが思った通りに動かないのは珍しいことではありません．その後に論理的に修正できるか否かが大きな分岐点になります．ただし，その論理的な修正には，コンピュータのしくみ，プログラミング言語の特性に関する正確な知識が必要となります．

　なお，前述の開発統合環境には**デバッガ**と呼ばれるプログラムの実行状況を調べるためのツールが用意されていることが多いです．デバッガを使うことにより，プログラムの実行を任意の箇所でいったん停止させたり，プログラム実行中の変数の中身を見たりすることができます．プログラミングにおいてデバッガは大変強力な道具ですが，プログラムの実行のしくみに関してある程度理解していないと使いこなせません．

コラム

プログラムは正直

　プログラムは意図した通りに動くのではなく，書かれた通りにしか動きません．児童生徒は作ったプログラムが意図した通りに動かないことは少なくないと思いますが，それは意図が正確にプログラムに反映されていないことになります．また，大学のプログラミング実習では，意図した通りに動かないプログラムを前にして，自分の意図は ○○ です，と壮大な意図を語る学生さんがおられます．しかし，プログラミング実習を目的とした授業では，意図も重要ですが，まずはそのプログラムを動くようにしてくれないと評価が難しいのが現実です．

── コラム ──

腕のいいプログラマとは

腕のいいプログラマとそうではないプログラマを分けるとしたら、プログラミング的思考の定義の最後にある「論理的に考えていく力」を実践できるか否かかもしれません。腕のいいプログラマに見られる傾向は、プログラムが意図した通りに動かなかった場合、どうして意図とは違うのかを分析して、その原因を見つけて、それを的確に修正していくことです。逆に、腕のいいとはいえないプログラマに見られる傾向は、意図とは違う動きになっている原因が何かを特定せず、場当たり的で根拠なくプログラムを修正するなどです。大学のプログラミング教育でも、プログラミング課題などでプログラムが思ったように動かないと、そのプログラムを根拠もなく改変して動作させてみることを繰り返す学生さんが少なくありません。プログラムが意図通りに動かなかったときは、まずは動かない理由を見つけてそれを直すことを考えるべきであり、闇雲にプログラムを変えていても正しいプログラムにたどり着くことはありません。

3.11 プログラミングの後に求められること

　企業が業務などで使うプログラムの場合，その後，プログラムの変更を求められることは多いです．例えば，プログラムを使い始めてからプログラムに不備が見つかったために修正することもあります．また，会計処理のプログラムであれば会計に関わる法制度が変わると修正が求められますし，機器を制御するプログラムでも機器の利用目的の変更や制御対象の機器の変更に応じてプログラムも変更しないといけなくなります．このため，プログラミングに求められる事項のひとつは**メンテナンス性**，つまり後でプログラムの修正などが適切かつ容易に行えることです．小中学校だけでなく大学のプログラミング実習でも児童生徒や学生はプログラムを作成しますが，そのプログラムの提出後や授業後はプログラムに手を加えることはなく，児童生徒や学生はもちろん，プログラミングを教える側も，プログラムのメンテナンス性を考慮することは皆無となりがちです．

　しかし，メンテナンス性を考えることはプログラミング的思考においても重要です．というのは，メンテナンス性を考慮してプログラミングすることにより読みやすいプログラムとなり，それは教える側から受ける評価だけでなくプログラムを書いた児童生徒本人にとってもプログラム上のミスを発見したり防げるようなメリットももたらします．また，プログラム中でコアとなる部分はどこか，汎用的な部分はどこかなどが見えてくるでしょう．

　さて，プログラムのメンテナンス性を高める方法はいろいろありますが，まずはプログラム内にコメントをつけましょう．コメント

というのは日本語や英語などの自然言語で記述され，主にプログラムを説明するための文章です．プログラムの読み書きに慣れていない初学者の場合，プログラムの 1 行 1 行にコメントをつけていくと，プログラムの把握がしやすくなりますし，意図と違うプログラムを書くことも防ぐことができます．また，プログラミングの初学者は，お手本などを参考にプログラムを書いてひとまずプログラムが動いているからいいとして先に進みがちですが，どうしてそのプログラムが動いているのかを確認することは重要ですし，その確認においてコメントをつけることは有用です♠14．

♠14実システムのプログラムの場合，当初，そのプログラムを書いたプログラマが将来に渡ってそのプログラムを修正するとは限りません．このため，プログラムには詳細なコメントをつけるのが通例です．従って，実システムのプログラムそのものの量よりもコメントの方が遥かに多いことは珍しくありません．

—— コラム ——

プログラミングは楽しいですか？

　職業プログラマや情報系学科に進学している学生さんなどには，プログラミングが楽しいからプログラミングをしているという方がおられます．プログラミングという行為は，無から何かを作る，または既存のプログラムを改良するなど，クリエイティブな活動です．クリエイティブなことに熱中すると楽しいと感じるのは人間の本能なのかもしれません．1970 年代，シカゴ大学の教授だった心理学者，ミハイ・チクセントミハイ（Csikszentmihalyi）博士により提唱された**フロー理論**では，フローとは内発的に動機づけられた自己の没入感覚を伴ったある種の忘我状態のことであり，人はそのフロー状態にあるとき，人は高いレベルの集中力を示し，楽しさ，満足感などを感じるというものです．プログラミングでは，その行為に完全に浸り，精力的に集中している感覚，のめり込むような状態になりやすく，ある種のフロー状態であり，それが楽しさという感覚につながっていると見ることもできます．実際，腕利きプログラマと呼ばれる方の場合，仮にプログラミングのスキルを身につけるコツを聞いても，いつの間にかそのスキルが身についていたと答えることが多いようです．というのは，プログラミングのスキルを身につけるには勉強を含めて努力は必要なはずであり，彼らが人の何倍も勉強したり，数多くのプログラミングをしているはずです．ただ，彼らはそれを「努力」や「苦労」だとは思っていないだけなのかもしれません．それはゲームも同じで，ゲームは無意識にやっているときが楽しいのであって，ゲームのスキルを上げようと思ってゲームをすると楽しくないのと同じです．プログラミングスキルを上げるために努力することを意識している状態だと，精神的に辛くなるかもしれません．プログラミングを教える側も，児童生徒にプログラミングを楽しむ環境を作ってもらいたいと思っています．なぜならば，それが一番，プログラミングを上達させるからです．

=== コラム ===

生徒が将来の職種としてゲームプログラマを希望したら

普段，ゲーム機やスマートフォンやパソコンでゲームをするのが好きならば，そのゲームを作る仕事に就きたいというのは自然なことでしょう．しかし，ゲームが好きなだけでは，面白いゲームを作れるようになるわけではありません．

ゲーム向けの開発では，開発当初から面白いゲームということはなく，改良に改良を重ねて，面白いゲームに仕上げています．ゲームを面白くするようなヒントは別のゲームにあるとは限りません．小説や映画，テレビかもしれませんし，現実世界にヒントがあるかもしれません．

いまのゲームは高度な知識が必要です．例えば，3次元化されたゲームでは画面の描画処理は大学レベルの高度な数学が不可欠です．現実世界を模したゲームでは，物体の落ち方，物体と物体の当たり方などをリアルに再現する必要があり，そのために物理学の知見が求められます．また，ネットワーク対応ゲームでは通信に関する知識も必要です．この他，例えばゲームの舞台が中世ならば中世に関する知見が必要ですし，サッカーのゲームならばサッカーの知識が必要です．つまり，ゲーム開発は統合分野なので，プログラミングだけできても，ゲーム開発ができるわけではありません．

さて，1980年代は一匹狼的な腕利きプログラマがひとりでゲームを開発することがありました．しかし，いまのゲームは複雑化しており，多人数の開発チームを作り，分業により開発していきます．そのため，当然，チームの他のメンバとの協調性は必須です．また，分業する役割も多様です．プログラムに従事するメンバもいますが，絵を描く役割のメンバ，音楽を作るメンバもいます．さらに，ゲームをテストプレーして品質を調べるメンバもいます．

4 情報モラル

　いま，ソーシャル・ネットワーキング・サービス（SNS）は児童生徒にも急速に普及していますが，その SNS はインターネットを介して人につながっています．児童生徒の SNS への何気ない書込みが他人を傷つけることがありますし，逆に児童生徒本人が傷つくこともあります．また，SNS そしてインターネットは様々な方が使っていますが，中には他者の気持ちを考えない方，さらには悪意をもって利用する方もいます．児童生徒が犯罪に巻き込まれたり，無自覚に加担してしたり，また他者の権利を侵害することもあります．

　こうした状況において児童生徒が身につける素養として求められるのが**情報モラル**であり，新学習指導要領では第 1 章：総則の第 2 の 2–(1) を含め「情報活用能力（情報モラルを含む.）」という書きぶりを繰り返すことで，情報活用能力に情報モラルが含まれ，さらに情報モラルが児童生徒の身につけるべき重要な項目であることを強調しています．

　さて，情報モラルとは，情報社会で適正な活動を行うための基になる考え方と態度となります．具体的は，他者への影響を考え，人権，知的財産権など自他の権利を尊重し情報社会での行動に責任をもつことや，犯罪被害を含む危険の回避など情報を正しく安全に利用できることになりますが，児童生徒向けの教育ではコンピュータ

などの情報機器の使用による健康との関わりについても含めることもあります.

ただし,情報モラルは広範囲であり,本書で全体を説明できません.本書では,情報活用における情報モラルを概説した後,情報発信・共有において重要となる法令,例えば著作権と個人情報保護について,学校に関わる事例ベースで解説していきます.

4.1 情報発信・共有における情報モラル

後述する情報を得る場合と比べて,情報を発信・共有する場合は,児童生徒が自他の権利を侵害することや犯罪に巻き込まれるリスクが高いことから,情報発信・共有における情報モラルは重要になります.

現実世界のモラルは情報活用でも必要

情報モラルには現実世界と共通の側面と情報技術(IT)による問題の2つの側面があります.情報を得るときも,発信・共有するときも現実世界のモラルは必要です.というのは,インターネットの先には人がおり,インターネット上での人の不適切な言動は現実世界と同様に不快にします.

例えば,現実世界における会員制のクラブなどでは会員規定で迷惑行為や誹謗中傷を禁止していますが,SNS の多くでもその利用規約において迷惑行為や誹謗中傷などを禁止しており,被害を受けた側が SNS 事業者に通報して,SNS 事業者が相手側の書込みなどを利用規程違反と判断した場合は,その相手側の利用を停止することができますし,実際,不適切な書込みにより利用停止となることは珍しくありません.特に,他人になりすます行為は,なりすまされ

た相手を傷つけ，信用を失わせることがあり，現実世界と同様に名誉毀損で訴えられる可能性があります．大人でも，インターネットにおいて匿名で書き込んでも誰が書いたかわからないと思い込んでいる方がおられますが，警察に頼らず，民事訴訟レベルの賠償請求をインターネットワークサービスプロバイダなどに行うことより，書き込んだ本人が特定できることがあります♠1．この他，他人のプライバシーに関わることをたまたま知りえたとして，現実世界においてそれを第三者へみだりに話せば問題となりますが，同様にそれを SNS に書けばトラブルになります．

つまり，現実世界には多様なトラブルがあるように，インターネットでも多様なトラブルがあります．まずは児童生徒に，インターネットを含む情報活用においても現実世界のモラルは求められることを伝えるべきでしょう．

4.1.1 IT にともなう留意事項

情報モラルを考えるときは現実世界のモラルも含みますが，IT の特性により，現実世界にない留意事項を生み出します．その IT の特性と留意事項について，表 4.1 に示します．

まず留意点①に関しては，児童生徒はこれまでフェース to フェースのコミュニケーションが主体だったこともあり，相手の顔が見えないネットコミュニケーションでは相手の気持ちが読み取れずに感情化するなどのトラブルになりやすいとされています．児童生徒には現実世界のコミュケーションとの違いを認識してもらうのが第一

♠1SNS などの不適切な書込みにより法的問題が問われたとき，他人も同様のことを書いていたというのは言い訳になりません．

表 4.1 情報モラルとその留意点

留意点	留意点の概要	起きうる問題
①対面コミュニケーションと違う	相手の顔を見ないコミュニケーションは誤解が起きやすく，相手の感情が見えない	コミュニケーションが感情的になりやすい，また相手を傷つけることもある
②情報の拡散速度は速い	インターネット上に発信された情報は瞬く間に，多くの人に知られることになる	一度，インターネットで公表された情報は世界中の人が知りうる可能性がある
③情報は複製が容易	インターネットに流れた情報は多数の複製が作られる	インターネットに公表された情報の複製をすべて消すことはできない
④情報は劣化しない	インターネットは劣化することなく残る	人間の記憶は時間とともに薄らぐが，インターネットでは過去の発言や写真が永遠に残る
⑤情報は見つけやすい	電子化された情報は検索技術により，容易に見つかる	過去の不適切な発言などが後年に指摘・批判されることがある
⑥情報は改ざんが容易	情報の改ざんは容易であり，また改ざんされたときに痕跡が残るとは限らない	目の前の情報は本物とは限らない，ユーザがフェイク情報やフェイク画像の犠牲者になりうる
⑦主体が見えない	情報発信の主体が誰なのかが簡単にはわからない	SNS などに匿名で，他者を誹謗する発言の責任の所在が不明確になる
⑧情報には法的制約がかかる	情報によっては権利者がおり，利用に法的制限がかかることがある	権利者以外が情報を使ったり，適切に入手した情報も利用の仕方によっては法的に制限されることがある

歩になるでしょう.

　留意点②および③,④については,ウェブ上への情報公開や SNS への書込みなどを例に,インターネットでは情報は瞬時に拡散し,複製が作られます.また,その情報は劣化しません.これらはインターネットのメリットであり,同時にデメリットでもあります.このため,児童生徒にはいたずらに恐怖心をあおるのではなく,拡散・複製・無劣化についてメリットとデメリットの双方を議論してもらうとよいでしょう.

　留意点⑤は,前述の留意点②,③,④と同様に電子化された情報のメリットとデメリットです.また,現在,情報の検索の対象はテキストの情報ですが,今後は画像に対する検索も広く利用されることになるでしょう.この結果,昔羽目を外したときに撮られた写真が,その後見つけ出されるなどの将来起きうることも児童生徒に想像させることが重要です.

　昨今,深刻になっているのが留意点⑥です.紙の書類は後から変更するとその痕跡が残ることが多いのですが,情報は改ざんされたときに痕跡が残るとは限りません.このため,情報は誰かに改変されている可能性がゼロとはいえません.なお,最近はテキストだけでなく画像の書換え技術も進化しており,静止画はもちろん動画でも画像中のある個人の顔だけが別人の顔にすり替えられている,いわゆるフェイク画像も増えていますし,巧妙になっており,気づくとは限りません.このため,児童生徒がすり替えられた情報を本物と信じてしまうことがありますし,児童生徒がすり替えの対象になり,何らかの被害を受けることもあります.

　また,留意点⑦について,SNS などにおける言動が過激化しやす

い背景として，匿名やハンドルネームによる書込みが可能なサービスが多く，不適切な発言の責任が不明確ということがあります．

　留意点⑧については，情報の利用は法律や契約で制約を受けることがあり，不用意に情報を保持・利用すると訴訟を含めてトラブルに巻き込まれることになります．なお，著作物と個人情報に関わる留意事項は 4.3 節で説明します．

　小学校学習指導要領解説では，IT は日進月歩で進歩することを鑑みて，教職員はその実態や影響に係る最新の情報の入手に努め，それに基づいて児童生徒を指導することを求めています．しかし，これは簡単なことではないです．これは保護者も同様でしょう．ただし，情報モラルの観点でいえば，①から⑦に説明したような IT の特性とそれによる留意事項は大きく変わっていません．まずは変わらないことから児童生徒に伝えていけば，教職員，そして保護者の負担は少ないはずです．

　なお，新しい IT が新しい問題を生み出しますが，例えば下記について説明するとよいかもしれません．スマートフォンをはじめとして，新しい情報機器は様々なセンサを使って現実世界に関する情報を収集・利用しています．この中には従来把握されなかったような現実世界に関わる情報も含まれるために新しい問題を生み出そうとしています．

- スマートフォンにはカメラがついており簡単に写真が撮れますが，その写真を SNS などに載せた場合，ユーザ自身のプライバシーを侵害することがあります．また，友人を含めて，本人以外の他人が写り込んだ写真を SNS などに載せた場合，その他人にも迷惑がかかることがあります．

- GPS などで位置情報が容易に取得できます．ユーザが自分の位置情報を第三者が知られるようにすることは，そのユーザを特定されるリスクが生じます．例えば，深夜の位置情報であれば自宅を知らせているのと同じです．
- 心拍や血圧などの身体の状況を調べるセンサをつけた装置が増えています．健康管理に有用ですが，そのデータから病気またはその前兆がわかることもあります．無闇にそのデータを渡すと健康状態を第三者に知られることになります．

--- コラム ---

児童生徒を怖がらせるべきではない

　情報モラルの指導では，例えば表 4.1 の 8 つの留意事項によるトラブルを避けるために，児童生徒に対してインターネットは怖いものであり使わないように仕向けるという考え方があります．情報モラルを教える目的は，児童生徒が情報活用の手段とその影響を理解してトラブルを起こさないかつ巻き込まれないための判断能力を身につけさせることであり，怖いから使わないと仕向けることで目の前のトラブルは避けられるかもしれませんがその判断能力は身につきません．もちろん，インターネットには虚偽情報や詐欺などの怖いものがありますが，重要なことは怖いことを正しく怖がることであり，過度に怖がることではありません．そのためには，インターネットは怖いと刷り込むのではなく，インターネットにおけるトラブル事例などを例示しながらトラブルを見分ける判断能力とそのトラブルの程度を評価する能力が重要になります．なお，インターネットにおけるトラブル事例は下記が参考になります．

総務省：インターネットトラブル事例集
https://www.soumu.go.jp/main_sosiki/joho_tsusin/kyouiku_joho-ka/jireishu.html

━━ コラム ━━

児童生徒には安全に失敗をさせましょう

　現実世界のモラルと同様に，情報モラルは座学だけでは身につかないものです．従って，SNS やブログなどの**ネットワークサービス**における情報モラルを育成にするには，そのネットワークサービスを使うことが大切となります．一方で，ネットワークサービスは様々な方が使っており，児童生徒が何らかのトラブルに巻き込まれるリスクもあります．このため，児童生徒自身がネットワークサービスを使うとしても，保護者や教職員の目が届く範囲に止めることをお勧めしておきます．もちろん，これは簡単ではないのですが，まずは SNS などでは学校のクラスの中などの顔見知りだけのコミュニティを作り，チャットなどをさせるという方法はあるはずです．そのとき，保護者や教職員は児童生徒の使い方を見ておき，児童生徒が誤解を生みそうな発言や他者が不快に思うだろうと発言をしているのを見かけたら，その場で注意してあげるべきです．このとき，どんな言動をすると他人がどう受け取るのか，さらには不適切な言動をしてしまったときにどう対処するのかを知ることも重要です．児童生徒がある程度情報モラルの基本がわかってきたら，保護者や教職員は児童生徒の些細な不適切な言動を見つけても，その場で注意せずに，その言動の影響を知ってもらうとともに，その対処を実践してもらうことで身につくこともあります．ただ，前述のように一般のネットワークサービスは多様な方が利用されており，学校のように安全な空間ではないことを児童生徒はもちろん保護者や教職員も念頭においてください．

4.1.2　情報発信・共有における情報モラルをいかに伝えるか

　ここでは，児童生徒が SNS を利用することとスマートフォンの普及で写真を撮ることが増えていることを鑑みて，SNS と写真の利用を例にして表 4.1 で示した IT がもたらす留意点の伝え方を考えていきましょう．

　SNS のトラブルの多くは，SNS の発言により他者を不快にさせたり，または他者の発言で自分が不快になったり，また発言が感情的になってしまうことです．同種の問題は 1990 年代のパソコン通信時代にも頻繁に起きており，古くて新しい問題といえます．こうした問題が起きる背景には以下があります．

1.　相手の感情がわからないことによるトラブルがあります．SNS でユーザ同士のやりとりが感情化するのは，表 4.1 の①で説明しましたが，コミュニケーション内容がテキストだけとなることで，発話者の意図が伝わらないからとされています．児童生徒は，普段，対面による会話が主体であり，その場合は相手の表情などから相手の感情や状況を推測できますが，SNS ではそれができないので相手の感情や状況がわからずに一方的に発言してしまいがちです．この対策には感情的な表現を控えることと感情を客観的に見ることを身につけることが望まれるでしょう．

2.　問題は相手にとって嫌な言葉を使ってしまうことによるトラブルです．このとき，嫌な言葉を使わないようにしましょう，という指導だけでは不十分です．というのは，この指導では児童生徒は自分にとって嫌ではない言葉は使ってもよい

と考えてしまいます．現実には言葉の捉え方の違いによるトラブルも多いです．話し手が肯定的な意図で使った言葉が相手にとっては不快に思ったり傷つけたりすることがあります．例えば「大人しいね」，「真面目だね」，「一生懸命だね」などの言葉は，話し手にとっては相手を褒めているつもりでも，その相手はけなしているように取る可能性があります．ネットを介したコミュケーションでは相手の状況が見えるとは限らないために相手が不快に思っていることに気がつかないことが多いことに加えて，児童生徒はボキャブラリーが少ないために意図した意味の言葉を選べないこともあります．さらに，SNS でも，チャットやショートメッセージを含めて，限られた文字数による会話の場合はそうした言葉が単発的に使われることが多く，トラブルが先鋭化しやすいです．この対策は，クラスルームなどで児童生徒に個々の言葉に対するイメージを出し合ってもらって，言葉の捉え方には違いがあることを認識してもらうとよいでしょう．

3. 人数の多い会話に慣れていないことによるトラブルがあります．SNS ではグループトークなどの機能により多数のユーザと会話することができます．しかし，児童生徒が普段行う会話では，会話相手は数名の同世代の友人だけであり，多数の不特定な相手との会話には慣れておらず，少数の特定の友人に話すような内容や表現を使ってしまうことがあります．一般的に，人数が多いほど前述の言葉の捉え方は多様になります．会話の相手が同世代や同性とは限りません．敬語などの言葉遣いでトラブルになることもありますし，同じ言葉で

も世代によって捉え方が違うことがあります．児童生徒には，
SNS を通じた多数人との会話は友達同士の会話とは違うこと
を気づかせてあげるべきでしょう．

　IT の進歩によって便利になる一方で新しいトラブルも生じます．
そのひとつは写真の共有です．スマートフォンで手軽に写真が撮れ
るようになり SNS などで写真の共有が容易になったことから，行っ
た場所，食べたものなどを撮影した写真を共有することで他者に情
報を伝えやすくなっています．その一方で，写真の共有によってト
ラブルも生じます．写真はプライベートに関わる情報や他人の目に
触れるだけで不快となることも写り込んでしまいます．例えば，自
宅の日常を撮影した写真を公開したとき，その写真には人物は写っ
ておらず，後述する個人情報に相当する情報もプライバシーに関わ
る情報もなかったとしても，その写真に外の風景などが写っている
と撮影した場所が推定できてしまうことがあります．この結果，自
宅の場所など詳細な個人情報を特定されてしまうこともあります．
また，友人と一緒に写った写真を公開したときに，その友人にとっ
てはその写真は公開されたくないものかもしれません．前述の表
4.1 に示した IT の特性による留意点で説明したように，写真も一度
公開されたら瞬時に世界で共有され，それを消すことはできません．

　ところで，SNS を使った写真の共有で児童生徒がトラブルに巻
き込まれてしまう原因のひとつは，写真の共有範囲は児童生徒が考
えている範囲より広いことです．つまり，児童生徒は本来見知らぬ
人に見せるべきではない写真でも共有範囲を友達からなるグループ
内限定にしているから大丈夫と思いがちです．しかし，そのグルー
プの友達はその写真をグループ外に共有してしまうことはできます

し，それが実際に起きてしまいます．この他，友達限定のグループ
といっても，そのグループに属する人は別のユーザをグループに追
加することができる場合もあります．いずれにしても，一度，写真
を含む情報が児童生徒が考える範囲を超えてしまうと，次々と拡散
して，事実上，世界中に広がるのと同じことになります．さらに，
悪意のある第三者がその写真を加工したり，児童生徒に被害がお
よぶ使い方をすることもありえます．児童生徒にとって SNS のグ
ループは気心の知れた友達だけに閉じていると見えますが，現実に
は世界に開かれていることになります．

　さて，児童生徒は不適切な写真を共有しないということ自体は漠
然とわかっていても身近な友達と SNS のグループの違いが実感と
して捉えきれないことが多く，また写真を含む共有によりどんなト
ラブルが起きうるのかということも理解し切れているとは限りませ
ん．このため，児童生徒への指導では様々なケースを想定して，起
きうるトラブルを児童生徒に議論させるといいでしょう．共有され
る写真に写っている人，写真の内容，誰と共有するのかの 3 つの軸
で，個別ケースを考えていくといいでしょう．

　写真には誰が写っているのか，

　1)　自分だけが写った写真

　2)　他人が写っている写真

　3)　自分と他人が写っている写真

　4)　誰なのかわからない写真

に分類するとともに，写真の内容についても，例えば

　A)　他人に知られたくない内容を含み，かつ誰なのかがわかる
　　　写真

　B)　他人に知られたくない内容を含むが，誰なのかがわからない写真

　C)　他人に知られてもよい内容の写真だが，誰なのかがわかる写真

　D)　他人に知られてもよい内容の写真で，誰なのかもわからない写真

などに分類します．

　そして，共有（送信・公表を含む）対象については，

　ア)　仲のよい友達 1 人だけに送信または共有

　イ)　仲のよい友達複数人に送信または共有

　ウ)　グループ内のメンバだけが見られる写真として共有

　エ)　誰でも見ることができる写真として公開

　ここでのグループはユーザ本人がメンバを制御できない，例えばグループのメンバならば他人をグループに入れられるなど場合を含みます．

　そして，3 つの軸の組合せごとに写真を共有した場合，表 4.1 の各留意点により起きうるトラブルを考えさせるとよいでしょう．この他，1 枚の写真だけが共有されるケースに加えて，複数の写真が共有されたケースを考えることは重要です．というのは，仮に 2 枚の写真があり，それぞれの写真に 2 人の人物のうち片方しか写っていなくても，その 2 枚の写真が同じ部屋の場合，その 2 人が一緒にいたことなどが推測できることがあるからです．

　ところで，著者は小中学校などの出張授業をすることがありますが，その印象でいうと，小学生中高学年になると人の悪口や嘘をSNS に書き込むことや写真を見知らぬ人と共有することがよくない

ことは知っています．ただ，そうした書込みによって何が起きるのか，写真の共有によってどんなトラブルが生じるのかについては必ずしも理解しているとはいえないことが多いようです．このため，教職員や保護者は，単に禁止事項を伝えるだけでなく，その禁止事項に相当する行為がどのようなトラブルが生じるのかを教えることが重要になるはずです．児童生徒は大人になれば自分自身で，インターネット上の情報をどう受けとるのか，何を情報発信するのかを自ら判断しないといけません．その判断能力を育てるのが情報モラルを身につけさせる目的のはずです．

---- コラム ----

子供は親を見て育つ

　いまの小中学生が物心ついた頃には，多くの保護者はカメラつき携帯電話またはスマートフォンをもっており，彼らが寝返りした，立った，買ったばかりのランドセルを背負ってみたなど，何かにつけて写真や動画を撮られながら育っています．従って，児童生徒がスマートフォンをもてば，そのカメラで様々な写真を撮るのは当然といえるでしょう．また，保護者からスマートフォンのカメラを使うことを禁止されたら反発するのは仕方ないといえます．なお，スマートフォンの過度な利用が問題になりますが，児童生徒からしてみると，乳幼児の頃から食べている最中や遊んでいる最中であろうと保護者がスマートフォンを片手に「こっち向いて」といいながら，写真や動画を撮っていることが日常だったとしたら，スマートフォンを優先することは当然という意識が刷り込まれていても不思議ではありません．それなのに保護者が「食事中のスマートフォンはいけません」と注意しても納得してくれないかもしれません．

4.1.3 迷惑メールとメッセージ

　SNS 以外にも情報を他人と共有する方法は数多くあります．その中でも広く普及しているのは**電子メール**でしょう．SNS は明示的に情報を共有することやメッセージの送信先の範囲を友達関係になっている人に限定することもできるのに対して，電子メールは受信者の宛先となるアドレスさえ知れば誰でも電子メールを送ることができます．これは郵便も同じですが，郵便と違って送信にかかるコストが小さいので，宣伝などを目的に多数人にメールを送る事業者などもおり，そうしたメールを受け取った側はそれを迷惑と感じることがあります．総務省の調査によると，国内では 1 日に扱われる電子メールの半分弱にあたる 8 億通強が**迷惑メール**となっています．また，悪意をもつ内容の文章や，電子メールに含まれる**添付ファイル**の中にいわゆる**コンピュータウイルス**が仕込まれていることがあります．心当たりのない方からの電子メールの添付ファイルは開かないようにすべきです♠2．添付ファイルがついていなくても，巧妙な内容で，受信者のプライベートの情報やクレジットカードなどの情報を聞き出すことを狙った電子メールや SNS メッセージもあり，児童生徒には細心の注意を促すべきでしょう．なお，SNS などではアカウントが乗っ取られ，ユーザ以外の人にパスワードなどを書き換えられて，別人がなりすましているケースもあります．これは，例えば複数のネットワークサービスで共通のパスワードを使ってい

♠2コンピュータウイルスを送りつけるメールは巧妙化しており，気がつかずに開いてしまうことが考えられます．教職員が開いてしまった場合はシステム管理者に早々に連絡すべきですし，児童生徒が開いた場合は教職員や保護者に早々に相談することを指導すべきでしょう．

たりすると，あるネットワークサービスでセキュリティ上の問題からパスワードなどが漏えいしたときに，他のネットワークサービスでそのパスワードを使われ，なりすまされることがあります．そうなった場合は，児童生徒には教職員や保護者などの大人に相談することを勧めてあげてください．

———— コラム ————

SNS とルール

　自治体（地方公共団体）や学校，家庭において **SNS** に関わるルールを決めているところは少なくありません．例えば，東京都教育委員会では「SNS 東京ルール」として，① 1 日の利用時間と終了時刻を決めて使おう，② 自宅でスマートフォンを使わない日をつくろう，③ 必ずフィルタリングをつけて利用しよう，④ 自分や他者の個人情報を載せないようにしよう，⑤ 送信前には，相手の気持ちを考えて読み返そう，を定めています．この他，大切なことは直接会って話す，SNS のグループの改変は全員の了解を得る，ネットで知り合った人とは絶対に会わないなどを定めているところもあります．児童生徒への指導では自治体や学校のルールに合わせて行うことが重要です．また，児童生徒の SNS の利用は学校外で行われることから，家庭の協力も不可欠となります．家庭においても SNS の利用に関するルールを作るべきです．このとき，児童生徒が SNS を高頻度に使うようになってから家庭の SNS ルールを課すことは難しくなるため，SNS を使い始める前にルールを話し合って決める必要があるでしょう．

—— コラム ——

リツイートでも名誉毀損となりうる

SNS，例えば **Twitter** などには **リツイート** と呼ばれる機能により，他人のツイート（つぶやき）を自分のタイムライン上に表示させることができます．そのときに，コメントをつけてリツイートする場合と，コメントをつけずにリツイートする場合があります．しばしば問題になるのが，リツイートした内容が虚偽を含む内容である場合や他者に対する名誉毀損に当たる場合です．

このとき，コメントつきリツイートであれば，そのコメントでリツイートされる内容を紹介しつつ，内容について賛同や批判を含む，リツイートしたユーザによる何らかの評価または議論を誘発させる意図などが見えることになり，そのユーザは行為主体といえて責任が生じます．しかし，コメントなしのリツイートの場合，他人のツイートを表示するという単なる情報提供であり，そのリツイートを行ったユーザは行為主体といえるのか否かが問題になります．いい換えれば，ユーザが他人のツイートをそのままリツイートした場合，そのユーザはそのツイートへの賛同を示す行為になるのか否かの問題です．その問題に関わることとして，元市長とジャーナリストの間で，リツイートした側に対する名誉毀損の訴えにおける裁判の判決（大阪地判令 2019 年 9 月 12 日，判例時報 2434 号 41 頁）がありました．まず，その裁判の判決主文の一部を引用しますと，

> 例えば，前後のツイートの内容から投稿者が当該リツイートをした意図が読み取れる場合など，一般の閲読者をして投稿者が当該リツイートをした意図が理解できるような特段の事情の認められない限り，リツイートの投稿者が，自身のフォロワーに対し，当該元ツイートの内容に賛同する意思を示して行う表現行為と解するのが相当である．

つまり，判決理由は，ユーザがコメントなしで他者のリツイートするのは，そのユーザのフォロワーに対して他者のツイートの内容に賛同する行為として扱うべきであり，名誉毀損に当たるという判断

となりました．なお，リツイートは単なる情報紹介であるという主張に対して，その判決主文では

> 他者の元ツイートの内容を批判する目的や元ツイートを他に紹介（拡散）して議論を喚起する目的で当該元ツイートを引用する場合，何らのコメントも付加しないで元ツイートをそのまま引用することは考え難く，投稿者の立場が元ツイートの投稿者とは異なることなどを明らかにするべく，当該元ツイートに対する批判的ないし中立的なコメントを付すことが通常であると考えられる．

とあり，単なる紹介や議論を誘発するようなリツイートは何らかのコメントがついているべきという見解を示しました．この判決はあくまでも本件のリツイートに限定したものであり，決して一般化することはできません．とはいえ，状況によっては，ユーザが他者のツイートをコメントなしでリツイートした場合でも，そのユーザはツイートの内容に賛同して周知していると扱われる可能性や，その内容に問題があればリツイートした者に責任が生じる可能性があることになります．

4.2　ネット上の情報を利用するときの情報モラル

　ここでは，インターネット上の情報を得るときや，情報を整理・比較するときに留意すべきことを考えていきます．なお，児童生徒に対してビジネスの話をすることを嫌う方もおられますが，大半のネットワークサービスは事業活動として提供されており，そのサービスの**ビジネスモデル**，つまりどのように利益を得ているのかを知らないとネットワークサービスを適切に利用できません．

───── コラム ─────

情報モラルの教え方

　道徳や倫理を教えるのが難しいのと同様に情報モラルを教えるのは難しいです．また，児童生徒の立場にしてみれば，情報モラルは説教としか思えないかもしれません．特に，SNS などに夢中になっている児童生徒の場合，SNS が楽しくて仕方ないのだと思います．そこに大人が情報モラルとして SNS との接し方に制限しようとすると，楽しみを邪魔されたと思い込むだけです．このため情報モラルを教えるときは，「SNS では××はしてはいけません」ではなく，「SNS では〇〇に気をつけるともっと楽しいよ」のように，児童生徒が情報モラルをポジティブなこととして捉えるように工夫をするといいでしょう．

　また，情報モラルを教えるときは，その目的を再確認して，その範囲を超えていないかを気をつけるべきです．例えば，SNS を含むインターネットにおいて児童生徒のリスクを低減するのが目的ならば，情報モラルの教育で言及するのはインターネットの使い方の範囲に限定すべきで，睡眠時間を守りましょう，などの対象リスクとは直接関係ないことまで広げてしまうと児童生徒はモラル教育 ＝

説教と捉えてしまい，情報モラルを教わることを拒絶するようになります．

　大人でもそうですが，児童生徒が夢中になっているのには理由があるはずです．例えば，児童生徒が行う SNS 上の友達とのたわいない雑談は大人から見ると無意味かつ無駄な行為に見えるかもしれませんが，児童生徒本人にとっては意味があり，大切なことなのでしょう．そうしたことを大人が一方的に否定すると児童生徒は反発するだけです．むしろ，SNS 以外にも楽しいこと，重要なことがあることを教えるべきでしょう．

　精神医学の用語に「快感原則」と「現実原則」があります．心理学者のジークムント・フロイトの言葉を借りれば，快感原則とは不快を避け快を得ることを目標とすることであり，現実原則とは外界から課せられる諸条件との関連で快感原則の帰結を修正することとなります．小さい子供は快感原則で行動しますが，自分のやりたいことばかりをやっていると仲間外れにされる，宿題をさぼっていると先生や親に怒られるし勉強についていけなくなる，というような体験を通じて，徐々に快感原則から現実原則に移行していきます．小中学生はその移行期といえて，現実原則に身についていない場合は，例えば SNS やゲームは 2 時間までのような無粋な制限を課すことは仕方ないといえます．なお，学年が上がっても現実原則が身につかず，快感原則に基づいている児童生徒の場合，SNS などが楽しくなると，それらに没頭して，他のことができなくなっている事態が起こりえます．ただ，そうした児童生徒の場合，SNS などに限らず，快感原則による行動により問題を起こしている可能性があり，情報モラル教育以前の段階で対策を考えてあげるべきでしょう．

4.2.1 無料ネットワークサービスとビジネスモデル

　実際，児童生徒が利用するネットワークサービスの多くは無料です．例えば，ウェブ検索，SNS，メールは無料であることが多いでしょう．また，ネットゲームに関しても部分的には無料で遊べるようになっていることは少なくありません．一方で，ネットワークサービスの多くは民間事業者による営利事業です．従って，何らかの利益が得られるから事業を行っており，何から利益を得ているのか，そのためにどのような戦略をとっているのかを理解することは重要です．まず無料ネットワークサービスのビジネスモデルを表4.2 に分類します．

　無料ネットワークサービスで，①の部分課金を行うサービスは無料サービス部分と有料サービス部分に分かれており，前者から後者に誘導するために様々な工夫をしています．例えば，新聞オンライン版は記事の途中までは無料ですが，肝心な部分は有料で読めなかったという経験をした読者は少なくないと思われます．ネットゲームの場合，ゲームを行う上で強力なアイテムは有料とすることで，ユーザにそのアイテムを購入させるように誘導することがあります．また，通称，ガチャと呼ばれる手法で，そのアイテムをある種のくじ引きで当たる状態とすることで射幸心を高めるネットゲームもあり，しばしば児童生徒が欲しいアイテムが当たるまで有料くじ引きを行ってしまうことがあり，過去に社会問題となったこともあります．

　さて，無料サービスの大半は②の広告枠販売のビジネスモデルとなっています．これは，民放テレビが無料で視聴できるのは放送中の CM を視聴者が見ることを想定しその CM 枠を販売しているこ

表 4.2　ネットワークサービスのビジネスモデル分類

種別	ビジネスモデル	商品	顧客	例	補足
①部分課金	当初は無償で利用できるが，途中から有料化されるビジネスモデル	ネットワークサービスの一部	ユーザ	●オンライン版新聞は記事冒頭は無料で読めるが，それ以外は有料購読者のみが読める ●ゲームの途中までは無料で遊べるが，それ以降は有料となる，アイテムなどを有料販売	●無償サービスは顧客に関心を持たせる誘導に過ぎないことが多い
②広告枠販売	ネットワークサービス上に広告を表示することで，広告主から広告料を稼ぐビジネスモデルであり，ユーザが広告を見ることを期待されている	Web コンテンツ上の広告用スペース	広告を出稿する事業者	●Web を通じたサービスの大半 ●例えば Web 検索サービスでは無料で検索できるが，検索結果には広告が含まれたり，検索結果の順番にも広告が反映	●Web のサービスの利用者を増やすことにより，広告収入が多くなる
③ユーザ情報販売	サービスを通じてユーザに関する情報を収集し，その情報を売って稼ぐというビジネスモデル	ユーザに関する情報	ユーザに関する情報を別目的に利用したい企業	●SNS の事業者も，直接的または加工したユーザ情報を第三者に販売していることもある ●ランニングなどの無料の運動支援アプリや健康管理サービスはサービスを通じて得られたユーザの運動や健康情報を第三者に販売しているものは少なくない	●高く売れる情報を生み出すユーザ向けのサービスに偏りやすい

とを思い出すと理解しやすいでしょう．つまり，ウェブコンテンツ
を含めて，ユーザがネットワークサービスを使うときに何らかの方
法で広告が目に入るようにする，そしてネットワークサービス上の
その広告を表示する枠，つまりスペースを広告を出す企業に売るこ
とで利益を得るビジネスモデルです．だからといってネットワー
クサービス上の広告枠を多くし過ぎると，広告がわずらわしくな
り，ユーザは敬遠してしまいます．このため，ひとつの広告枠をい
かに高い値段で売ることが求められますが，それには 2 つの方法
があります．ひとつはネットワークサービスを使うユーザ数を増や
す方法です．テレビ放送では視聴率と呼ばれる指標があり，視聴率
が高い番組ほどその番組を見ている人が多く，CM 効果が高いとさ
れて CM 枠の価格は高くなるのと同じです．ウェブコンテンツに
おける視聴率に相当する指標として**ページビュー**（Page View，通
称，PV）があります．ウェブコンテンツの場合，PV が高いほどそ
のコンテンツ上の広告枠は高く売れます♠3．もうひとつの方法は，
各ユーザの関心事に合わせた広告を表示することで広告効果を上げ
る方法です．これを**ターゲティング広告**といいます．実際，読者の
方々もウェブコンテンツに表示される広告は自分の関心のある対象
が多いと感じたことがあるはずです（逆にいえば無関係な広告は少
ない）．なお，この 2 つの方法は相反するものではなく，組み合わ
されていることが多いです．現在，ターゲティング広告は高度に進
化していますが，広告枠販売のビジネスモデルそのものが情報信頼

♠3テレビ CM を高視聴率番組に流しても広告効果があるとは限らないように，PV
が高いウェブコンテンツに広告を表示しても想定する消費者層がその広告を見てく
れるとは限りません．

性や他で問題も引き起こしており，それは後述します．

　さて，最近は③のユーザ情報を販売するビジネスモデルが増えています．その背景は，情報機器の主役がパソコンからスマートフォンに移ったことにより，画面が小さくなり，広告用スペースも小さくなり，②のビジネスモデルだけでは事業継続のための利益を上げられなくなっていることがあります．例えば，スマートフォン上の無料のランニング管理アプリの場合，ユーザはランニング中にそのアプリの画面を見るわけではないので，広告としての効果が少ないことになります．一方で，位置情報や健康状態などの広範な情報が取得され，それが第三者に転売されることになります．このため，ユーザが想定もしていなかった事業者に自分のデータが渡っていることは少なくないです．また，このビジネスモデルの場合，高く売れるユーザ情報が望まれることから，そういった情報を集めるサービスに特化しやすい傾向があります．また，高く売れる情報を生み出すユーザが優先されて，それ以外のユーザはそのサービスを使えないこともあります．なお，ユーザに関わる情報を第三者に販売するとき，その情報に個人情報を含む場合はユーザからの同意が必要ですが，それが適切に説明されていないケースも少なくないのが現実です．

---- コラム ----

ターゲティング広告のしくみ

　現在，ターゲティング広告は高度に進化しています．そのしくみについて概説しておきます．ネットワークサービスを利用するためのソフトウェアとなるウェブブラウザには，通称，クッキー（Cookie）と呼ばれる手法により，そのウェブブラウザで過去に閲覧したウェブを記録することができます．この記録を利用して表示される広告を選ぶことになります[4]．なお，実際のターゲティング広告は高度に進化しており，ユーザが過去に閲覧したウェブページに応じてユーザの関心などを特定して，そのユーザに対する広告をオークションによって決めています（図 4.1）.

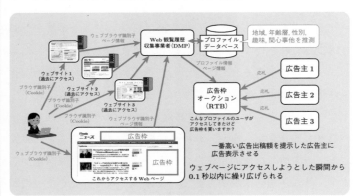

図 4.1 　ネット広告の仕組み

---

[4] インターネットワークサービスプロバイダー（ISP）を使ってインターネットに接続している場合，ISP がユーザのパソコンに IP アドレスを割り当てますが，その割当て対象の IP アドレスは地域に応じて決められています．このため，ユーザのパソコンがどの都道府県，さらにどの市にあるかは推定できることが多いです．この結果，不動産などの広告はお住まいの地域に近いものになっているはずです．

　例えば，普段，自動車関連のウェブページを頻繁に見ているユーザが広告を含むウェブページへのリンクをクリックした瞬間に起きることは，そのリンク先のページの情報のサーバにウェブページの転送依頼が送られ，そのときにユーザが利用しているウェブブラウザの前述のクッキーなどの識別子なども送られます．そして，そのリンク先のページ，つまりこれから見ようとしているウェブページの広告枠のオークション（入札）が行われますが，このときにユーザの特性として頻繁に自動車関連のウェブページを見ていることなどが付加情報として与えられ，一番高い出稿額を提示した事業者に対して，広告枠を売る，つまりその広告枠に広告を出す権利を与えます．そのリンクのクリックからオークションを通じて出稿する広告主が決まるまでは 0.1 秒未満と高速です．なお，そのリンク先のページに広告枠が多い場合は 0.1 秒間に 100 回以上のオークションが行われることは珍しくありません．また，このオークションですが，クリックしたときだけでなく，ウェブページを表示した後も，そのページをスクロールして新しい広告枠が表示されるときも，オークションが開かれています．

　ところで，ウェブページを見るとき，多くの方はリンクをクリックしなければユーザの行動は追跡されないと考えがちですが，ウェブサービスによってはウェブページ上のマウスカーソルの位置情報をサーバに転送していることがあります．これはマウスカーソルの位置と視線の位置に相関があるからです．実際，一部のネット通販サイトでは，商品写真の画像の表示サイズを恣意的に大きくすることで，どの商品画像にマウスカーソルが置かれているかを容易かつ確実に収集できるようにしています♠5.

♠5 画像サイズが小さいと関心のないところにマウスカーソルが乗っかっている可能性があるので，マウスカーソルの位置を調べるネットワークサービスは画像などのサイズが大きいことが多いです．

4.2.2 情 報 信 頼 性

　ウェブをはじめとしてインターネット上には多様な情報がありますが，正しいとはいえない情報も少なくありません．過失による間違いもありますが，故意による虚偽の情報も含まれます．

　不正確な情報が生まれる背景のひとつは，前述のネットワークサービスのビジネスモデルです．ウェブコンテンツ上の広告枠を高く売るには多くのユーザがそのコンテンツを見てくれないといけません．そこで横行するのが，大げさなタイトルや過激な見出しをつけるなどし，コンテンツが注目されるように仕向けることです．読者もウェブコンテンツをタイトルにつられて見てみたが，タイトルに相当する中身がなかったことを経験しているのではないでしょうか．このとき，ユーザの中にはタイトルだけを見て中身を見ない方もおられ，大げさなタイトルが一人歩きすることになります．

　また，商用のウェブコンテンツの場合，記事はライターなどに執筆料を支払って書いてもらっていますが，専門的な知識が不要な記事の場合，その執筆料は安いのが実状で，記事のクオリティも低くなりがちです♠6.

　さて，インターネットは誰でも利用できます．中には虚偽の情報を流す方々もいます．例えば，あたかも実際の出来事のように思わせる虚偽のニュース，いわゆる**フェイクニュース**ということがあります．また，画像加工の技術が進んでおり，写真中の人物の顔を例えば有名人の顔にすり替えていることもあります．虚偽情報は，

♠6国内でもネットゲームなどを手がける大手ネットワークサービス事業者による医療情報サイトにおいて，ライターに対して記事の質よりも乱造を求めたために社会問題化して，そのサイトは閉鎖に追い込まれたことがありました．

年々，高度になっており，大人であっても見抜くのは困難になりつつあります．ユーザができる防衛策には下記があります．

1. **情報の中身を確認する**：インターネットや SNS において目を引くようなタイトルや見出しの記事を含むコンテンツを見つけたとして，まずはコンテンツの中身をしっかり読むべきです．

2. **情報の出所を確認する**：記事の著者とその所属や経歴，掲載されているメディア，掲載時期などを確認すべきです．記事の骨子が外部の参照先に依存している場合は，その参照先も確認すべきです．

3. **先入観をもたない**：人は信じたいと思っている情報を信じるものです．先入観をもって記事を読むと，内容が誤っていた場合に気づくことは難しくなります．

4. **複数の情報で確認する**：インターネットで発信されているひとつの記事だけで判断すると，その記事が虚偽の場合，だまされることになります．他のメディアでも確認しましょう．

さらに SNS では，後述するプロファイリングに加えて，ユーザは関心事の近い人を友達にしたり，フォローしてしまう傾向があります．この結果，ユーザには，そのユーザの関心事に関わる情報や，自分の意見に近い情報だけが提供されることになり，これを**エコーチェンバー現象**と呼びます♠7．その結果，ユーザは自分の関心事以外の情報や意見に合わない情報に接する機会を減り，多くの人が自分と同じ関心事や意見をもつと思い込むようになってしまいます．

♠7 エコーチェンバー（共鳴室）のように閉鎖的空間内でのコミュニケーションを繰り返すことよって，特定の信念が増幅または強化される状況の比喩となります．

児童生徒の場合，大人と比べて狭い交友関係であり，SNSによるエコーチェンバー現象に陥りやすいといえます．このため，SNSだけでなく，不特定向けの人に向けたメディア，例えば新聞やテレビなどの情報を見ることが重要となります．

　また，児童生徒が無自覚にフェイク（虚偽）情報の拡散に加担してしまうことがあります．児童生徒は，友人など児童生徒自身の親しい人や信頼できると信じている人物から伝わった情報は真実性の高い情報として考えがちです．そして，その児童生徒は重要な情報と信じて，友人などに知らせたいまたは知らせるべきだと考えて，SNSなどに投稿し，フェイク情報の伝搬につながります．例えば，

コラム

フェイクニュースと知らせるツイートがパニックを生む

　2020年4月頃に新型コロナウイルスの影響でトイレ紙が不足する事態がありました．このとき，大多数の人はトイレ紙の不足という情報はデマであることがわかっていたといわれ，デマであることを指摘するツイートが多かったとされます．つまり，フェイクニュースは少なかったのに対し，多くは善意によって流布した正しい情報ということになります．しかし，デマだとわかっている人も，他人がトイレ紙の不足というデマを信じてトイレ紙の買い占めをすると，結局，トイレ紙が不足することに巻き込まれることから，トイレ紙を足りているのに買うということになったといわれています．こうした状態を社会心理学では「多元的無知」と呼びます．この「多元的無知」は，ある情報について集団の多くはそれを否定しながらも他者がその情報を受け入れることを想定して，その想定に沿った行動をしている状況を指します．複雑な行動心理ですが，小学生でも高学年であれば理解できるでしょうから，情報とその影響に関する例題としては興味深いはずです．

2016年の熊本地震の直後にツイッター上で「動物園からライオンが逃げた」というフェイク情報が書き込まれた結果，数万回以上リツイートされ，拡散しました．このときその情報をリツイートした方々は，重要な情報であり，人に知らせたい，というある種の善意によることが多かったと想像されますが，フェイク情報の流布に加担していることは変わりません．

4.2.3 プロファイリングと情報の偏り

ネットワークサービスにおいて，人はデータの塊に過ぎません．さらに，ネットワークサービスはユーザの言動を監視・記録して，**プロファイリング**しています．ここで，プロファイリングとは，対象者の断片的な言動に関するデータを多数の人の言動に関するデータと比較・分析することにより，その対象の関心事や性格などを推測する方法です．SNSの場合，対象ユーザの書込みから性格や関心事などを推測することや，SNS上の友達から交友関係を推測すること，個別の友達との会話からその対象ユーザと仲がいいSNS上の友達を推定していることが多いです．SNSが推測する情報は広範囲であり，ユーザがそのSNSに書き込んだデータ量よりも，SNSが推測したそのユーザに関する情報の方が遙かに多いといわれています．また，ターゲティング広告と同様に，ユーザが見ているウェブページの種別や内容からユーザの関心事を推測することもあります．

これは，メリットもありますがデメリットもあります．まず，メリットとしては，ユーザは関心事に合った情報が表示されるので，いい換えれば自分に無関係な情報は見なくて済みます．こうしたプロファイリングの程度は様々ですが，SNSに限らず，多くのウェ

ブサービスで行われています．例えば，ウェブ検索サービスでも，ユーザのこれまでの検索キーワードやそのユーザの他のサービスの利用状況から，そのユーザに合うように検索結果の順番を変えて表示しています．このため，ウェブ検索サービスを使って同じキーワードに関して相違なユーザが検索した場合，その検索結果は違うことになります．

　これは同時にデメリットにもなります．前述の 4.2.2 項の情報信頼性と関連しますが，ユーザは関心事や自分の意見に近い情報だけを見ることは見たくない情報を見ずに済むわけで，ある意味でユーザにとって居心地のよい空間が作り出されます♠8．現実は見たい情報だけとは限りません．こうした空間だけで情報に接していると，児童生徒だけでなく，大人であっても偏向した考えになりがちです．

　このプロファイリングにはもうひとつ問題があります．それは推測精度が低く，間違った関心事や人格に推測されることは少なくないのです．例えば，SNS におけるプロファイリングでは，ユーザの友達関係に加えて，そのユーザの書込などで推測されますが，その書込み回数は少ないにしても，強い表現，暴力的な言葉や罵倒する言葉があると推測結果がそれらの言葉に引きずられることがあり，結果的に暴力的な性格などとされてしまうことがあります．いま，SNSを含めてネットワークサービスの事業者は多様なサービスを展開しています．それには金融業もありますし就職支援もあります．この結果，過去の過激な言動のために与信管理で不利な扱いや，就職時に性格が疑問視されることがないとはいい切れなくなっています．

♠8 各ユーザが見たくない情報を見なくてすむ状態をバブル（泡）につつまれるようなのでフィルターバブルと呼びます．

4.3 情報活用における法の理解と遵守

　情報モラルは個人本人が意識しそれを実践することになりますが，情報の対象やその利用によっては法律で規制されていることもあります．本節では，情報に関わる法律でも学校教育における情報活用と関連性が高い，著作権法と個人情報保護法関連を中心に解説します．もちろん，両方以外にも商標法，刑法，プロバイダ責任制限法（特定電気通信役務提供者の損害賠償責任の制限及び発信者情報の開示に関する法律），出会い系サイト規制法（インターネット異性紹介事業を利用して児童を誘引する行為の規制等に関する法律），児童買春・児童ポルノ禁止法（児童買春，児童ポルノに係る行為等の処罰及び児童の保護等に関する法律），迷惑メール防止法（特定電子メールの送信の適正化等に関する法律），電子契約法（電子消費者契約及び電子承諾通知に関する民法の特例に関する法律），特定商取引法（特定商取引に関する法律），リベンジポルノ防止法（私事性的画像記録の提供等による被害の防止に関する法律），青少年インターネット環境整備法（青少年が安全に安心してインターネットを利用できる環境の整備等に関する法律）など数多くの法律が児童生徒の情報活用に関わってきます．

4.3.1 著作物の保護と利用

　情報を利用するとき，その情報が誰かの著作物であれば，**著作権法**により様々な制約が課せられます．ここでは，いくつかの例題から学校における著作権上の留意点を具体例を通じて説明していきます．

例題 1：生徒の作品も著作物になるか

　著作権法における**著作物**の定義は「思想または感情を創作的に表現したものであって，文芸，学術，美術または音楽の範囲に属するもの」となります．その創作する人は創作を職業としていなくても構いません．また，このとき芸術的，学術的，経済的な価値があるかどうかは問われません．従って，小中学校の生徒が作った作文や作品でも，表現に創作者の創意工夫があれば，その作品は著作物になりえます．例えば，学校授業で描いた絵，作った図画工作も，創作性があれば著作物と扱った方がいいでしょう．同様に，国語の授業時間に書いた作文や感想文でもそれに創作性があれば著作物となります．なお，他者が作った見本を真似て作った作品や，ありふれたフレーズなどは創作性が低いとなり，著作物にならないこともあります．なお，続くコラムで説明するように，何をもって創作性があるとするのかは難しい判断となります．

　著作物に関わる権利が**著作権**ですが，著作権は著作物を創作した時点で発生します（無方式主義）．登録や申請は不要です．これは他の知的財産権，例えば商標や特許はそれを所管する役所などに出願または登録した時点から権利が発生するのとは違います．なお，著作権は財産権のように人や法人に譲渡することができます．譲渡先を含めて，著作権を保有している人や法人を**著作権者**と呼びます．

——— コラム ———

著作物とは

　前述のように著作権法における著作物の定義は「思想または感情を創作的に表現したものであって，文芸，学術，美術または音楽の範囲に属するもの」となりますが，これを細かく分解してみましょう．

- (1) 「思想または感情」を
- (2) 「創作的」に
- (3) 「表現したもの」であって，
- (4) 「文芸，学術，美術または音楽の範囲」に属するもの

ここで，(1) は著作物になりえる対象は思想または感情といっていますが，逆にいうと事実を表すだけのデータ等は創作的とはいえず，著作権法の保護対象になりません．(2) により単に対象を模倣しただけの表現，事実を単に記載しただけの表現は著作物になりえません．例えば「富士山の高さは 3,776 m」はデータに過ぎませんし，単にそれを記述しただけであり，著作物とはならないでしょう．例えば写真の場合，風景や人，物（食べ物を含む）などの写真は著作物となりますが，対象を記録として撮影した写真，例えば証明写真の場合，コピーと同じように対象から写真に写される間に創作性がないので著作物ではないとされることが多いです♠9．ただし，その写真のために，突拍子もない表情やポーズを含めて何らかの創作的な工夫をしている場合，著作物となりえます．そして，(3) により表現されていない対象，例えばアイデアはそれが表現されていなければ著作物になりえません．(4) ですが，例示された文芸，学術，美術または音楽だけでも相当広い範囲ですが，一方で工業製品などは著作物の対象とならない場合があります．

　なお，ここの説明で，著者は著作物か否かについて断定的な説明を避けています．というのは，具体的な対象に創作性があるかは明

♠9 絵画を記録用に撮影した写真の場合，その写真そのものに関しては著作物ではないとされることが多いです．ただし，写された絵画は著作物となるために，その写真はその絵画の著作権の制約を受けることになります．

示的な基準があるわけではありません．過去の創作性が問題となった裁判の判例を見ながら類推することになります．また，その判例も時代ともに変わっており，創作性の範囲は断定ができないのです．

例題 2：夏休みの自由研究に友達が撮影した写真を使用したとき

　仮にその写真が著作物とならば，自由研究にその写真を貼りつけることは著作物の複製となります．さて，著作物を創作した人は著作権法により，表 4.3 のようにその著作物の様々な利用，例えば複製に関する権利をもっています♠10．従って，この例ではその友達がその写真の著作権，ここでは複製権，を有していると考えるべきであり，自由研究であろうと，その友達以外がその著作物を利用するときはその友達に許諾を得るか，後述する著作権法で定める引用である必要があります．ここで注意すべきことは，著作物の利用が禁止されているのではなく，利用に関わる著作権者との許諾があれば利用できるということです．

　なお，小中学校では法的な事項を細かく解説するよりはその背景を説明する方がいいでしょう．この例題であれば，どうして写真の撮影者だけがその写真を使うことができるのか，どうして他人は撮影者に無断で写真を使えないのか，という理由が重要になります．例えば，写真に限らず著作物は創作した人の何らかの手間や工夫が込められており，第三者にその著作物を勝手に使われれば少なくてもいい気分はしないという説明をするといいかもしれません．

♠10著作権を Copyright と呼ぶのは，著作権制度はもともと著作物の複製（Copy）に関する権利（Right）から始まったからです．

著作権者から使用許諾が得られていない場合でも，一定の要件を満たしていれば**引用**は適法です．ここで「引用」とは著作権法 32条 1 項に基づくものですが，簡単にいうと以下の 5 つの要件を満たす場合となります[11]．① 本文と引用部分が明確に分けられており，② あくまでも本文（引用した側による部分）がメインで引用した部分がサブという内容的な主従関係があり，③ 引用の必然性があり[12]，④ 引用対象を改変しておらず，⑤ 出典を明記していることです．このため，レポートなどに書籍や新聞などの内容の一部を含む場合でも，引用の要件を満足していれば構いません[13]．小中学生に著作権法の引用を説明するのは難しい場合は，引用におけるマナーとして上記の①〜⑤を説明するとよいでしょう．

なお，著作物の保護期間は永遠ではありません．日本の著作権法では多くの場合は 50 年間とされていましたが，2018 年 12 月 30 日の改正著作権法により著作権の保護期間はさらに 20 年延長となり，70 年間になりました[14]．

---

[11]著作権法には引用以外に権利制限規定がありますが，ここでは割愛します．

[12]例えば，本文の内容と関係なく，キャラクターの絵を入れることは必然性があるとはいい難いことになります．

[13]著作権法の引用（32 条 1 項）は他人の著作物を無断で使用できる要件について定めた規定となります．従って，書籍やウェブページにおいて「無断引用禁止」と書かれていても要件を満たしていれば引用は可能であり，「無断引用禁止」と書くこと自体が法的には意味をもちません．

[14]映画などのコンテンツ種別に応じた例外がいくつかあります．詳細は文化庁などの著作権法の解説ページを参照してください．

表 4.3 著作権法により著作者が有する著作物の権利

権利	内容
複製権	印刷，写真，コピー，録音・録画などの著作物を有形的に再製，つまり，ものに複製する権利
上演権・演奏権	演劇の上演や音楽の演奏会など，著作物を多くの人に聴かせたり，見せたりする権利
上映権	DVD などに保存されている映画や写真などの著作物をスクリーンやディスプレイなどを通じて多くの人に見せる（上映する）権利
公衆送信権・公の伝達権	著作物をテレビやラジオ，有線放送で送信したり，サーバーなどに蓄積された著作物をアクセスできるようにする権利[15]
口述権	小説や詩などの著作物を朗読などの方法により口頭で多くの人に伝える（口述の録音物を再生することも含む）権利
展示権	美術の著作物と写真の著作物（未発行のもの）を多くの人に見せるために展示する権利
頒布権	劇場用映画（上映して多くの人に見せることを目的として作られた映画）の著作物を販売・貸与などする権利
譲渡権	映画以外の著作物またはその複製物を多くの人に譲渡する権利
貸与権	映画以外の著作物の複製物を多くの人に貸し出しする権利
翻訳権・翻案権など	著作物を翻訳，編曲，変形，脚色，映画化などの方法により二次的著作物を創作する権利[16]
二次的著作物の利用権	ある著作物を原作品として創作された二次的著作物を利用することの権利を原作品の著作権者も有すること[17]

---

[15]ウェブに著作物を掲載して，誰かからのアクセスに応じて送信する権利も含まれます．

[16]翻案とは，元の著作物の本質的特徴に関して同一性をもちながら別の表現形態に変えたり，元の著作物の一部を変更や増減して別の作品を創作することをいいます．

[17]日本語による小説を英語に翻訳したものを出版するとき，翻訳者だけでなく，原作者の了解も必要であるということになります．

━━━━ コラム ━━━━

オリジナルか真似か

　著作権に関わる訴訟は少なくありません．そのひとつが，ある作品がそれ以前に創作された別の作品を真似しているとして，後者の著作権者が前者の著作権者を訴えるものです．このときに争点になるのは，そもそもその対象が著作物となるかという点に加えて，依拠性と類似性の2点です．

　まず，依拠性は既存の他人の著作物を利用して作品を作り出したことをいいます．逆にいうと，他人の著作物の内容を全く知らないのに，たまたま似たような著作物を作出してしまった場合は著作権侵害に当たらないということになります．このため，学校関係者にしか配られない卒業文集に書いた作文と類似した文章を他人が書いていた場合，そのまま写したような場合は著作権法違反になりますが，そうではない場合，著作権法違反となるかは依拠性が判断基準となり，その他人と学校関係者との近さ，例えば共通の友人がいるなどを含めて総合的に判断されることになります．

　類似性は，新しく作成した著作物が既存の著作物を参考にして作ったものなのかです．類似しているかどうか否かは，判例上，既存の著作物の表現形式上の本質的特徴部分を新しい著作物からも直接感得できるかを判断基準としています．簡単にいえば，2つの作品の本質的特徴に共通部分があれば類似していることになり，本質的特徴ではない部分は共通していても類似性判断の対象外となります．

　他者の著作物を真似たかは，依拠性と類似性の両方が条件になります．ですから，依拠性がある，例えば新しく作られたものが既存の著作物を参考に作成したものであっても既存のものと類似していなければ著作権侵害にはなりません．著作権侵害，特に類似性に関する判断の線引きは明確ではなく，これまでの判例，つまり個々の訴訟における裁判所の判決から類推するしかありません．ただ，その判断は確固とはいえないのか，著作権侵害に関わる裁判では下級審の判決で類似と判断されてもその上級審では類似ではないとされることは少なくなく，その逆の展開もあります．著作物の形態や表現は

時代とともに変わっており，それに応じて類似性の判断基準は変わってきているといわれています．比較的新しい判例を見た方がいいでしょう[7]．仮に弁護士に類似性を相談した場合，類似性があるか否かの可能性を推測してくれるでしょうが，それは過去の判例に基づく見解に過ぎません．現時点における判断は裁判を行い，その判決を待たないといけません．

例題 3：生徒の作文を教師が文集として印刷・配布するとき

　作文が著作物である場合，その作文を印刷することは著作物の複製となります．また文集をクラス内に配付することは著作物となる作文の複製物の「譲渡」に該当します．本来，教師は各作文の著作者である児童生徒に「複製」と「譲渡」の許諾を得る必要があります．ここで，許諾の取り方は文章でなければいけないとは限りません．状況からして許諾が得られているといえればよく，例えば教職員による指導は生徒や児童の学力や表現能力を伸ばすことを目標としており，それを生徒などが求めており，複製や譲渡がその指導の一環として適切といえるのであれば暗黙の許諾があると扱えるケースもありえます．心配であれば，入学時や年度初めに，生徒や児童およびその保護者に生徒や児童の作品の学校等における取扱いについて包括的な説明と同意を求めてくという方法もあります．

　ところで，著作権には 2 つの種類があります♠18．ひとつは前述の著作物そのものの利用（表 4.4）に関する権利です．多くの場合，この権利を**著作権**と呼んでいます．これは財産権に近いものであり，他者（他人や法人）に譲渡とすることもできる権利です．表 4.4

♠18本書では著作隣接権については割愛します．

における権利のうち一部だけを他者に許諾することもあります．

　もうひとつは**著作人格権**です．一言でいうと，創作者の名誉や作品に付する思い入れを守る権利です．例えば，ある生徒が書いた作文の作者の名前を別の生徒の名前にした場合は著作人格権の侵害になりえます．仮に名前などを表示しない場合は，著作人格権のうち氏名表示権の観点から生徒や児童に確認した方がいいということになります♠19．また，作品を掲示するときに教職員を含めて第三者が改変するときは，作品を作った生徒からその改変に関する同意が必要です．著作権人格権は著作者だけに与えられ，譲渡や相続することはできません．

表 4.4 著作権法により著作者が有する著作物に関わる権利

権利の種別	権利内容
公表権	著作者が創作し，未公表の著作物を公表するか否か，公表の時期，方法を決める権利（著作権法第 18 条）
氏名表示権	著作者が創作した著作物について，著作者の名前を表示するか否かなどを決める権利（著作権法第 19 条）
同一性保持権	著作物を無断で修正されない権利（著作権法第 20 条）

♠19氏名の表示をする場合，今度は個人情報保護の観点から問題が生じるケースがあります．

例題 4：生徒が自分のノートの片隅に人気アニメーションのキャラクターを真似て絵を描いたとき

　アニメーションのキャラクターの多くは著作物となり，それを真似て描くことは著作物の複製となります．そのキャラクターの著作権者以外が複製するには，本来，その著作権者から複製に関する許諾が必要となります．しかし，**私的使用**のための複製は著作権法第30条により許容されています．ここで，私的使用とは，著作物を個人的または家庭内，その他これに準ずる限られた範囲において使用することを目的とするときは，その使用する者が複製することができるというものです．生徒が自分の楽しみとしてノートなどの第三者の目にとまらないものにキャラクターを真似て描くことは著作物を私的使用のために複製していることになり，著作権法の違反となることはないでしょう．類似した例としては美術の勉強のための絵画の模写があります．その模写した絵は，あくまでも模写した本人の勉強のためであり，第三者に見せることを意図しなければ私的使用のための複製の範囲と整理するのが通例です．

　なお，真似て描いた絵をインターネットなどに公開した場合，私的使用のための複製の範囲を超えてしまい，著作権法違反となりえます．児童生徒は私的使用のための複製の範囲を正しく認識できないことが想定されることから，教職員や保護者が児童生徒に教える必要があるでしょう♠20．なお，後述するように学校などの教育利用に限れば，教師や生徒による無許諾の複製（著作権法第 35 条第

♠20著作権の教科書などの例では，自分で買った CD を自分用に複製するのは私的複製の範囲内だが，友人を含めて他人のためにその CD を複製してあげるのは複製権侵害となるとしています．ただし，同居する家族などの家庭内の範囲ならば私的複製の範疇と扱うというものです．

1 項）が許容されています.

──── コラム ────

授業用の教材に既存の著作物を利用できるのか

　授業のために教職員が教材を作ることは多いでしょう．そのたびに教職員自身が創作するのは大変であり，既存の著作物を利用したいことは少なくないはずです．他人の著作物を無断で利用することになりますが，学校教育には例外規定が設けられています.

　　著作権法第 35 条第 1 項 学校その他の教育機関（営利を
　　目的として設置されているものを除く.）において教育を
　　担任する者及び授業を受ける者は，その授業の過程におけ
　　る使用に供することを目的とする場合には，必要と認めら
　　れる限度において，公表された著作物を複製することがで
　　きる.ただし，当該著作物の種類及び用途並びにその複製
　　の部数及び態様に照らし著作権者の利益を不当に害するこ
　　ととなる場合は，この限りでない.

　授業に利用するために，教職員が他人の著作物の一部を利用して教材を作成し，児童生徒に配るとき，その著作物の著作権者の許諾を得なくてもいいということになります．ここで，授業とは，各教科の授業に加えて，教育課程上に位置づけられた総合学習や外国語活動，特別活動なども含まれるものと考えられます．授業以外に運動会等でプラカードや看板等に人気アニメーションのキャラクターを描くことがあるでしょう．運動会等の学校行事などが教育課程に位置づけられた特別活動と位置づけることができ，さらにキャラクターを描くことが学校行事の教育効果を高める上で必要であると認められるならば，許諾を得ずに複製できる場合に該当すると考えてよいことが多いでしょう．ただし，どこまで教育課程上に位置づけられた特別活動といえるのか，教育効果を高める上で必要であると認められるのかに関する基準はありません．それは，教育の目的や方法，あるいは学校の実態などに応じた個別判断となるからです.

　なお，上記の著作権法第 35 条 1 項により対面授業のために複製することは無許諾で可能でした．また，同 35 条 2 項により教室における対面授業を，遠隔授業等のために同時に公衆送信する場合は，対面授業のために複製と同様に無許諾で行えます．それ以外の公衆送信，例えば教室における対面授業ではなく，スタジオや自宅などから授業またはその録画を公衆送信する場合や，授業以外のとき，例えば予復習用資料の事前または事後送付などは，個々の著作権者から許可が必要でした．しかし，各著作権者から許諾を得ることは煩雑であり，平成 30 年度の著作権法改正により，指定管理団体♠21 に補償金を支払うことにより権利者の許可なく利用できるようになりました♠22．

　この他，学校授業において無断複製の範囲には制限があります．あくまで小中高大学・専門学校などの非営利常設の教育機関での講義が対象なので，塾や企業セミナーなどは原則通り許可を取っての配信となります．また，テキストを丸ごと複製する場合や複製の部数が授業対象の生徒数と比べて極端に多い場合，各生徒が購入することを前提になっているワークブックやドリル教材などを複製・配布する場合などは，著作権者の利益を不当に害するとなり，学校授業において無断複製の範囲を超えることがあります．また，ソフトウェアなどを複数のパソコンにコピーする場合も，例外規定の対象著作物の種類を超えているとされることがあります．

　ところで，学校の演劇や音楽会などで既存の著作物を上演，演奏，上映，口述することがありますが，例外規定（著作権法第 38 条）により，営利を目的とせず観客から料金をとらない場合は許容されます．ただし，出演者などに報酬を支払う場合はこの例外規定は適用されません．また，著作権者に無許諾で利用できるのは，演奏，上演，上映，口述についてのみとなり，楽譜や脚本の複製については著作権者の許諾が必要となることがあります．

♠21 例えば，一般社団法人授業目的公衆送信補償金等管理協会，略称 :SAR-TRAS.

♠22 執筆時点となる 2020 年度に限って，SARTRAS は補償金額を特例的に無償としました.

例題 5 : 生徒が人気アニメーションのキャラクターが登場するオリジ ナルのマンガを描いたとき

　既存の著作物を基礎として創作された新たな著作物のことを二次的著作物といいます．この場合のマンガは著作物であるキャラクターに対する二次的著作物となりえます．二次的著作物に当たるものとして，原作を基に，翻訳や劇の台本，映画のように，原作とは違う表現による**創作物**があります．なお，原作の著作者の許諾を得

――― コラム ―――

商標に注意

　商用コンテンツの場合，そのタイトルや登場するキャラクターなどが商標登録されていることがあります．例えば「仮面ライダー」は東映株式会社の登録商標となっています．従って，オリジナル作品でも「仮面ライダー」などの名称を使うと商標権の侵害となることがあります．さて，**商標**の機能は自己の商品を他の商品と区別するための「目じるし」（自他商品識別機能，出所表示機能等）です．商標権の侵害は，出所混同の恐れがあるかどうかを，取引者や一般の需要者が商品購入時に通常払うであろう注意の程度を基準として，判断されることが多いです．従って，児童生徒が私的範囲に愉しむための作ったオリジナル作品に，商標登録されている名称や図形を使っても，商標権の侵害とされることはないでしょう．ただ，それを販売した場合は侵害になる可能性が高くなります．なお，メディアやカタログに他社の商標が使われることがありますが，明らかに他社商品に関する説明や記述に過ぎないといえるため，実質的に商標としての使用には当たらないとされることがほとんどです．また，商標には区分とよばれる商品・サービスのカテゴリがあります．区分は，例えば建設，旅行用品，金融など，45 種類の区分があります．商標は区分ごとに登録されるので，その商品・サービスに関わる区分の商標だけを取ります．従って，異なる区分の商品・サービスであれば同一の名称の商標を相違な会社が保有していることがおきます．

ずに創作したものも著作権法による保護の対象となります．ただ
し，このとき原作の著作権者の翻訳権・翻案権等に対する侵害問題
は残ります．従って，原作の著作権者から許諾を得られない場合に
はその二次的著作物は利用できないことになります．なお，人気ア
ニメーションの登場キャラクターの絵ではなく，その名前や設定，
性格づけなどのアイデアのみを使って作品を作った場合，原作の表
現を利用したことにはならないことから二次的著作物には該当せ
ず，原作などの著作権者等の著作権とは無関係とされています．

4.3.2 個人情報の保護と利用

　学校を含む教育現場では，児童生徒およびその保護者との連絡の
ために，児童生徒およびその保護者の氏名や住所などの情報が必要
となりえます．その情報が個人情報であれば，**個人情報保護法**や他
の法条例の遵守が求められます．個人情報をぞんざいに扱うと個人
の権利利益の侵害などのトラブルを引き起こします．

　特に「コジンジョウホウ」という言葉が一人歩きをしており，そ
もそも個人情報の定義からして間違って理解されていることが多
く，その結果，本来保護されるべき情報が守られなかったり，逆に
過度に保護してしまい本来の利活用にも支障を来すことが起きてい
るようです．法規則的に許容されるデータ利用に関わる様々な活動
が萎縮したり，根拠なく批判されることがあります．

　さて，前述の著作権とは違い個人情報保護は校務に関わることが
多いことから，ここでは教職員向けの事例で個人情報保護法条例に
ついて解説していきます．

例題 1：クラス名簿は個人情報か否か

　結論から書けばクラス名簿は個人情報となりえます[23]．それにはまず個人情報とは何かを理解する必要があるでしょう．個人情報とは法条例で定められるデータ類型となることから，その法条例における個人情報の定義を理解するのが第一歩です．例えば，私立学校を含む民間事業者は，個人情報保護法[24]における個人情報の定義となります．同法の第 2 条によると個人情報は，(1) 生存する個人に関する情報であって，(2) 氏名や生年月日等により特定の個人を識別することができるもの，としています[25]．(3) 個人情報には他の情報と容易に照合することができ，それにより特定の個人を識別することができることとなるものも含みます，と補足しています[26]．

---

[23]詳細は後述しますが，名簿は個人情報でありながらデータベースを構成することから，法的には個人データと呼ばれるものとなります．

[24]2015 年改正法成立，2017 年改正法施行．なお，2020 年に成立した改正法（施行時期は 2022 年 4 月）．

[25]データに含まれる個人に関する情報が「氏名のみ」の場合もあります．同姓同名の方が複数いる可能性があります．また，「住所のみ」に関しても同一住所の方は複数いる可能性があり，それぞれだけではどこの誰かはわからない可能性がありますが，社会通念上，氏名や住所は特定の個人を識別することができるもの，つまり個人情報として扱います．なお，氏名がわからなくも，照合を含めて特定の個人を識別できる場合も個人情報となります．

[26]この他，2015 年の法改正により個人情報には，情報だけでも特定の個人を識別できる文字，番号，記号，符号等について，「個人識別符号」という定義が設けられました．個人識別符号は政令や規則で限定列挙されるもので，2 つのカテゴリに分かれ，ひとつめは生体情報を変換した符号として，DNA，顔，虹彩，声紋，歩行の態様，手指の静脈，指紋・掌紋があります．もうひとつは主に公的な番号として，パスポート番号，基礎年金番号，免許証番号，住民票コード，マイナンバー等となります．なお，個人識別符号の対象は政令で定められることから，その対象の追加・削除を想定しておくべきです．

　ここで，(1) は生きている人に関する情報となり，(2) は簡単にいうとどこの誰かがわかる情報となります．そして，(3) は対象情報そのものからはどこの誰かがわからないとしても，その事業者が業務上，手に入れられる情報を突き合わせると，どこの誰かがわかるような情報も個人情報として扱われます．

　つまり，ある情報が個人情報になるか否かの判断は，それにどこの誰かがわかる情報が含まれれば，その情報は個人情報となります．その情報そのものにどこの誰かがわかる情報が含まれていなくても，その情報を取得した事業者が通常の業務で入手できうる情報と突き合わせ，つまり（容易に）照合することで，どこの誰かをわかれば，その情報は個人情報となります．いいかえると，仮にある情報が個人情報ではないと判断する場合，その情報にどこの誰かがわかる情報が含まれていなかっただけでは不十分であり，業務において入手できる情報と組み合わせてもどこの誰かがわからないことが要件となります．従って，その情報だけでなく外部情報を含めて考えないと個人情報ではないといい切れないことになります．

　さて，クラス名簿に戻ると，生徒などの名前が出ていればその時点で個人情報となります．ただ，名前を消せば個人情報ではなくなるかというと，住所や電話番号があれば他の住所録などとの突き合わせで誰かがわかりますので，住所や電話番号も個人情報として扱うべきとなります．なお，クラス名簿は個人情報ですが，そのクラス名簿を作ること自体は違法とは限りません．重要なことはその名簿を適切に管理・利用することです．

――― コラム ―――

個人情報の定義は 1 種類ではない

個人情報保護の法条例を難解にしているのは，個人情報保護に関する法条例はひとつではなく，表 4.5 のようにその対象組織により違う法条例が適用され，肝心の保護対象となる個人情報の定義そのものに微妙な違いがあることです．2020 年 3 月から内閣官房，個人情報保護委員会，総務省行政管理局の共管で，民間事業者を対象にした個人情報保護法と，行政機関・独立行政法人個人情報保護法の一元化に関わる検討会（個人情報保護制度見直し検討会）が設置され[27]，検討が進んでいます[28]．なお，一元化に関わる法案は 2021 年通常国会への法案提出が想定されています．

表 4.5 対象組織と個人情報保護法条例

組織種別	適用法条例
民間事業者（私立学校や PTA を含む）	個人情報保護法
行政機関（中央省庁）	行政機関個人情報保護法
独立行政法人（国立大学を含む）	独立行政法人等個人情報保護法
地方公共団体	各地方公共団体の個人情報保護条例

例えば，国立大学の付属学校などは，国立大学法人の組織になりますから，**独立行政法人等個人情報保護法**が適用されます．地方公

---

[27]著者はその検討会の構成員の 1 人．

[28]本書の執筆段階（2020 年 12 月）においては，行政機関および独立行政法人における個人情報定義を民間と統一すること，独立行政法人で国立大学法人，大学共同利用機関法人，研究開発法人については個人情報の取扱いも民間事業者に近い形とすること，地方公共団体の個人情報保護条例を法律に一本化することなどが議論されており，国立の学校等に限らず，公立学校においても個人情報保護に関わる規定の大幅変更が想定されます．

共団体の場合，その公共団体ごとに，個人情報保護条例を定めています．このため，例えば県立高校であればその県の個人情報保護条例に従いますし，市立小学校であればその市の個人情報保護条例に従うことになります．ここで注意すべきことは，民間事業者を対象とした個人情報保護法，行政機関（中央省庁）の個人情報保護法，独立行政機関（例：国立大学法人）の個人情報保護法，そして各地方公共団体の個人情報保護条例は同じではなく，保護対象の個人情報の定義から相違している状況です．例えば，東京都の千代田区立の小学校であれば千代田区の個人情報保護条例が適用されます．同条例では2条により定義されますが，その一部は下記のように記載されています．

> 第2条 この条例において，次の各号に掲げる用語の意義は，当該各号に定めるところによる．
>
> (1) 個人情報 個人に関する情報であって，当該情報に含まれる氏名，生年月日その他の記述等により特定の個人を識別できるもの（他の情報と照合することができ，それにより特定の個人を識別することができることとなるものを含む．）をいう．

一方，同じ東京都でも墨田区の個人情報保護条例では

> 第2条 この条例において，次の各号に掲げる用語の意義は，それぞれ当該各号に定めるところによる．
>
> (1) 個人情報 生存する個人に関する情報であって，当該情報に含まれる氏名，生年月日その他の記述等により特定の個人を識別することができるもの（他の情報と照合することにより，特定の個人を識別することができることとなるものを含む．）をいう．

となります．千代田区の個人情報保護条例は，個人情報保護法や墨田区個人情報保護条例とは違い，「個人に関する情報であって，」の前に「生存する」がついていません．つまり，亡くなった方の個人

情報も保護対象となります．このため，墨田区立の組織（例えば医療関連機関）では個人情報とならない情報（亡くなった方の個人情報）を千代田区立の組織に提供すると，千代田区立の組織では個人情報になることになります♠29.

また，行政機関個人情報保護法および独立行政法人等個人情報保護法では，前例の個人情報保護法における個人情報の定義の (1) と (2) は同じですが，(3) は「個人情報には，他の情報と照合することができ，それにより特定の個人を識別することができることとなるものも含みます」となり，「照合する」の前の「容易に照合する」がありません．この意図は，個人情報保護法では，民間事業者がその事業の範囲内に知りうる外部情報と，照合技術という整理でしたが，中央省庁や独立行政法人は何らかの権力性をもって情報を収集する権限を有していることがあり何らかの外部情報との照合により特定の個人を識別できれば個人情報という整理になっています．

なお，民間，行政機関・独立行政法人，地方公共団体において個人情報保護に関する法条例を統一すれば解決するともいえません．仮に法条例が統一しても，その法条例を執行する機関が異なるとその法条例の解釈に齟齬が出る余地があるからです．重要なのは法条例の統一以前に，まずは民間，行政機関・独立行政法人，地方公共団体における個人情報保護に関わる法条例の執行機関を一本化することが重要となります．

♠29個人情報の定義で「生存する個人」に限定していても，亡くなった方の個人情報はその方の生存する家族の個人情報となりえることがあります．

例題 2：メールアドレスは個人情報か否か

　メールアドレスが個人情報か否かを理解することは，個人情報とは何かを理解する上で有用な例題となります．例えば，次のメールアドレス

taro@univ-dokoka.ac.jp

の場合，ドメイン名 univ-dokoka.ac.jp は組織名を表しているといえて，taro に関してはユーザ氏名の一部と推測されます．その 2 つの情報から特定の個人を識別できる，誰かがわかる可能性が高いといえることから，上記は個人情報と整理されることが一般的でしょう．一方で，下記のメールアドレスはどうでしょうか．

3qwer843@daredemo-mail.com

ここで，daredemo-mail.com は登録すれば誰でもメールアドレスを作れるサービスとしましょう．そして，3qwer843 はユーザの氏名などとは無関係の文字列に見えます．従って，このメールアドレスから特定の個人を識別できるとはいい難く，個人情報ではないと扱うことになるはずです．

　つまり，あるデータが個人情報となるか否かは対象情報の種別，例えばメールアドレスなどで判断せず，個々の情報について外部データとの照合を含めて特定の個人の識別できるかを判断すべきとなります♠30．このため，前述の 3qwer843@daredemo-mail.com というメールアドレスについても，そのアドレスと特定の個人を識別

♠30電子メールなどの情報種別に対して個人情報か否かを考えている時点で，残念ですが個人情報とは何かを理解していないといえます．あくまでも個々の情報に対して，それ自体で誰の情報か特定できるのか，それができなくても手持ちのデータまたは通常の業務においてもちうるデータと組み合わせたときに誰の情報か特定できるかを考えるようにしてください．

できる情報が広く公開されているのであれば，個人情報として扱うべきとなります．

　また，人の位置情報についても同様のことがいえます．ある個人の日中の繁華街にいたときの数メートル程度の精度の位置情報を知っても，その数メートルの範囲には他の人もいることから，特定の個人を識別できるとはいい難いです．しかし，ある個人の深夜の位置情報は，多く場合，個人の自宅の位置情報となることから，個人情報として扱うことになるでしょう．なお，仮に地図を1キロ平方メートル程度の大きさのエリアで区切って，そのエリアで人の位置情報を考えた場合，都会ではそのエリアには多数の人がいるのでそのエリアから特定の個人を識別することはできませんが，地方の過疎地域の場合は個人情報になる可能性も出てきます．

例題3：顔が写った写真は個人情報になるのか

　写真に写った顔が不鮮明な場合や一部だけである場合で，写った顔から特定の個人の識別は困難，つまりどこの誰かはわかりえないのであれば個人情報ではないと扱われます．一方で，特定の個人を識別できる程度に鮮明に顔が映り込んだ場合，個人情報か否かは即答できないことになります．これまでは，見も知らぬ人の顔を見たところでその顔からはどこの誰かは知りえないので，個人情報ではないと整理されることが多かったです．例えば，店舗の防犯カメラに写り込んだ顔が客や通行人であり，その客や通行人が知らない人であれば個人情報ではないですが，逆に従業員や素性がわかっている客の場合，その顔から誰なのかがわかるので，個人情報として整理すべきとされていました．しかし，近年，**顔の識別技術**が急速に

進んでおり，SNS などが**顔画像**を含む画像を収集していることもあり，顔の特徴などがわかる程度に鮮明に写り込んだ顔画像は個人情報と整理することが多くなっています．実際，個人情報保護法を所管する個人情報保護委員会が発行している「個人情報保護法ハンドブック」では顔画像は個人情報と明記しています．

なお，顔画像に限らず，個人情報の範囲は時代とともに変わることに留意してください．というのは，**ビッグデータ**や **AI**（人工知能）に関わる技術進歩により，照合技術は格段に進歩しています．また，ウェブ検索サービスはもちろんのこと，外部からアクセスできる情報は増えており，その結果として個人情報になりうる情報の範囲は広くなっています（図 4.2）．これは，個人情報の利活用の立場から見ると，技術進歩が進むほど個人情報の範囲が広がり利活用

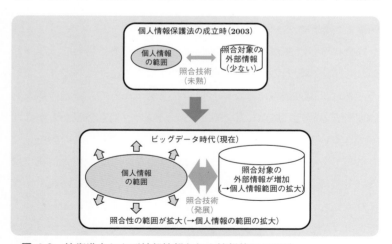

図 4.2　技術進歩および外部情報と個人情報範囲の関係
　　　出典：個人情報保護委員会「個人情報保護法ハンドブック」
　　　https://www.ppc.go.jp/files/pdf/kojinjouhou_handbook.pdf

を阻害する，つまり技術進歩に対して逆進性があるといえますが，個人情報の保護の立場から見ると，技術進歩が進むのに応じて保護すべき情報を適切に広げているともいえることになります．従って，いま個人情報ではないとされているデータも将来は個人情報になる可能性があることになります．つまり，個人情報か否かの判断は過去に縛られず，その都度行うことが求められることになります．

例題 4：PTA 名簿の作成と利用

PTA や同窓会は法人格がなく，非営利であっても，民間事業者といえて個人情報保護法が適用されます（私立学校や民間スクールの場合も個人情報保護法が適用されます）．さて，PTA や同窓会が生徒や保護者に関する名簿を作る場合，個人情報保護法により生徒や保護者の氏名や住所は個人情報となり，それを体系的に集めたものを個人データと呼びますが，会員名簿は個人データとなります．

さて，個人情報保護法は個人情報の利活用をすべからく禁止して

――― コラム ―――

PTA も個人情報保護は必須

2003 年に成立した個人情報保護法では，5,000 人以下の個人情報を取り扱う事業者は同法の一部は適用除外とされていました．多くの PTA はその除外対象になっていましたが，2015 年に成立した改正個人情報保護法ではその適用除外措置は撤廃されました．また，自治会や同窓会等の非営利組織も対象となります．このため，PTA のように，保有する個人情報の人数が少ない非営利組織も営利企業と同様に個人情報保護に関する取扱いと安全管理が求められます．ただし，従来から個人情報を適切に扱っていれば大きな負担はないはずです．

いるのではなく，適切な利活用を定める趣旨の法律です．ここでは，
PTA 名簿のために個人情報を集めるときの留意事項について述べ
ておきます．

① **利用目的の特定（個人情報保護法第 15 条）**：まず，PTA を
含む民間事業者は個人情報を取り扱うに当たって，つまり個人
情報を取得する前に，利用目的をできる限り具体的に特定する
ことが求められます．例えば，会員への氏名や住所などの提供
を求めるとき，「PTA の活動のため」という利用目的では説明
として漠然過ぎとされます．そこで，例えば「PTA 会員名簿
を作成し，名簿に掲載される会員に対して配布するため」のよ
うに利用目的を明確かつ具体的に説明すべきです．

② **利用目的の通知・公表（個人情報保護法第 18 条）**：例えば，
名簿の作成に当たって PTA 側は保護者に対して氏名や住所の
記載を依頼する書類を配布することが多いでしょう．個人情報

―― コラム ――

名簿の掲載を拒否される場合

　PTA や同窓会の名簿への記載を，児童生徒の保護者（法定代理
人）が拒否する場合もありえるでしょう．この場合，その拒否の意
思は尊重して，当該者を名簿に載せないなどの対応をすることが望
ましいです．このとき，PTA の入会条件として名簿への登録を求
めている場合がありますが，DV やその他の事情により氏名や住所
を名簿に載せたくないことがありえます．このため，名簿などへの
記載を入会条件にすることは適切とはいえないとされる可能性があ
ります．会員規定を作るときには会員の義務が行き過ぎないのかを
考慮する必要があります．

を書面で取得する場合は，利用目的を本人に明示する必要があります（同条第2項）．このため，その書類には上記の利用目的が記載されるべきです．なお，個人情報はその利用目的の範囲内で利用してください．利用目的以外のことに利用する場合，予め本人の同意が必要です（個人情報保護法第16条第1項）．なお，年度初めなどに新たにPTA名簿を作成・配布することがありますが，そのとき，住所などの変更点のない会員からも再度情報を提供してもらうのは双方にとって手間です．その場合，明示的に情報の提供を受けなくても，以前の情報は「利用目的」を伝えていて，その利用に関して同意をすでに得ているといえれば，改めて同意をとらなくても大丈夫なはずです．

③ **安全管理措置**：個人情報の漏えいは児童を含む個人の権利利益の侵害になることから，PTAなどの非営利かつ小規模組織

コラム

誰の同意が必要なのか

　第三者提供に限らず本人の同意を取得するとき，児童生徒に関する個人情報について，児童生徒本人から同意をとるのか，法定代理人等（保護者を含む）から同意をとるべきかは，対象となる個人情報の項目や利用目的などから個別具体的に判断されるべきですが，一般的には12歳以下または15歳以下の児童の場合もその児童の法定代理人等から同意を得る必要がありそうです．また18歳未満の未成年者については，状況によっては法定代理人等からの同意が求められることは少なくありません．また，一定期間内に回答がない場合には同意したものと見なす旨の書面や電子メールを送り，当該期間を経過したので本人の同意を得たとすることは適切な同意とはいえないとされています．

でも保有する個人情報の漏えい防止のために措置が求められます．これにはサイバーセキュリティ的な事項も含まれますが，印刷物についても盗難・紛失等のないよう適切に管理する必要があります．PTA 会員の個人情報を利用できる人を限定するなどの管理に関わることも含まれます．この他，保有する個人情報の訂正等も求められます．集めた個人情報の内容に誤りがあった場合に，訂正するための手続きの方法等を本人の知りうるようにするとともに，請求に応じて訂正してください．

例題 5：PTA 名簿の配布

　PTA 名簿を会員に配布することを利用目的としていて，「名簿に掲載される会員に対して配布するため」のようにそれを伝えた上で，会員から任意で個人情報の提供を受ければ同意を得ていることになり，その会員に限定して配布するのは構いません．そのとき，配布先に対して盗難や紛失，転売したりしないように注意を呼びかけることも重要です♠31．

　ところで，名簿の利用目的に明示されていない会員以外の第三者に提供する場合，その提供に関して会員から同意をとるべきです．ただし，次の 1.～3. の場合は同意を得なくても，会員以外に名簿を提供できます．

1. 法令に基づく場合
2. 人の生命，財産を守る場合
3. 委託先に提供する場合

♠31PTA は，会員に対して名簿の取扱いについて注意しなかったとき，一部の会員が転売などをした場合，PTA も管理責任が問われます．

ここで，1. は令状に基づいて捜査機関などからの情報の提供を求められた場合が相当します．2. は災害発生時の安否確認，3. は会員名簿の印刷を業者に委託する場合が相当します．ただし，提供に関する記録義務があり，提供先などを記録し一定期間保管することが求められます．委託先における問題は委託元，つまり PTA の責任となりますから，委託先をしっかりと選定し，個人情報の適切な管理を実施していることについて確認する義務があります．例えば，印刷する業者には情報の持ち出し禁止，委託された業務以外の利用禁止，返却・廃棄等の事項を記載した書面を取り交わすべきでしょう．個人情報が適切に取り扱われているかの監督が必要です．

　学校に関わる名簿として同窓会の名簿があります．同窓会の場合，会員への連絡に手間もかかることから，同窓会の開催を代行サービス会社に委託することがあります．このとき，会員への連絡を委託するために，代行サービス会社に同窓会名簿を渡すことがあります．これが同窓会の開催に関わる連絡という利用目的の達成に必要な範囲であれば，同窓会の会員の同意を改めて得る義務はありません（法第 23 条第 5 項第 1 号）．委託者である同窓会の発起人は，委託先である代行サービス会社を監督する義務があります（法第 22 条）．また，代行サービス会社が同窓会の開催以外の目的，例えば広告ダイレクトメールなどで名簿を利用する場合は会員からの同意が求められます．詳細は個人情報保護委員会などの資料[8] を読まれるとよいでしょう．

━━━━━━ コラム ━━━━━━

PTA 名簿がいわゆる名簿業者に売られていた

　いわゆる「名簿業者」とは個人情報を販売することを業としている事業者を指すものとなりますが,「名簿業者」や「名簿を売買する行為」そのもの個人情報保護法等で禁止されているわけではありません. ただし,大手の通信教育事業者から児童および保護者の個人情報が転売された事件などを踏まえて,名簿の販売は下記を遵守する必要があります.

① 　名簿業者が名簿を売買することを届出制にし,当該届出を行った事業者や一定の事項を個人情報保護委員会が公表することが求められています(個人情報保護法第 23 条第 3 項および第 4 項)

② 　不正に取得された個人データの流通を食い止めるため,名簿を購入する事業者に対して名簿(個人データ)の第三者提供時の確認義務および記録の作成・保存義務(法第 25 条および第 26 条)を課すとともに,名簿業者に対し虚偽の申告を禁止(法第 26 条第 2 項)することが求められています.

③ 　個人情報の取扱いに関する業務の従事者等が個人情報を不正に持ち出し,第三者に提供して利益を得る行為を処罰できるよう,個人情報データベース等不正提供罪(法第 83 条)が新設されています. このため,例えば PTA 会員規定などで名簿の転売を禁止しているのにその名簿を売った場合は,民法や個人情報保護法において法的問題が生じます.

━━━━━━ コラム ━━━━━━

学校説明会の参加者の登録情報を入学後の学務に利用できるか

　例えば,学校が来年度募集のための学校説明会を開催して,後日資料を送るために配送伝票に氏名・住所等を記載してもらう場合,配送のためという利用目的は明らかといえて,取得時に明示する必

要はないでしょう[32].

　取得した個人情報は個人本人に示した利用目的の範囲内で利用しないといけません．学校が来年度募集のための学校説明会に参加した方から資料送付などを理由に取得した氏名や住所などの個人情報の場合，その中で実際に入学した人の個人情報を入学後の校務に利用するのは目的外利用になります．従って，入学手続き時に再度個人情報を取得するか，学校説明会向けの個人情報を校務に利用することの同意をとる必要があります[33].

　これに関わりますが，学校と PTA は別組織です．学校が入学者から学務管理のために取得しため個人情報を整理した名簿を PTA に渡すことは第三者提供となり[34]，逆に PTA が作成した会員名簿を学校に提供することも第三者提供となり，第三者提供に関わる同意が必要です[35].

---

[32]国立または公立学校の場合，私立学校を含む民間事業者とは適用される法条例が違いますが，国立または公立学校に適用される個人情報保護法またはそれぞれの個人情報保護条例により，利用目的の提示は求められているはずです．

[33]同様に，防犯カメラの映像について，防犯目的と明示またはそれを暗示させるカメラを設置・撮影している場合，同意を得ていると扱うことができますが，その顔画像を防犯目的以外に利用すると同意の範囲を超えることになります．

[34]公立学校の場合，個人情報の第三者提供に関わる規制は地方公共団体の個人情報保護条例によりますが，多くの団体で，法律に基づくなどを除くと，同意なしに名簿などを第三者提供はできないとしているはずです．その場合，公立学校が PTA に生徒名簿を提供しようとしたとき，公立学校の児童生徒の個人情報を取得するときに PTA への提供を明記していない場合，その提供は条例違反となります．

[35]第三者提供に関わる規則に関わる政令などはしばしば変更されることから，個人情報保護法を所管する個人情報保護委員会によるガイドブックや Q&A を参照してください．

例題 6：プライバシーと個人情報は何が違うのか

プライバシー情報と個人情報はしばしば混同されます．また，プライバシー情報は，これまで私生活上の事柄などみだりに公開されるべきではない情報と解説されることが多かったのですが，近年は個人の権利・利益の侵害になる情報を含めることがあります．一方で，個人情報保護法上の「個人情報」とは前述のように生きている個人に関する情報で，外部情報との照合を含めて，特定の個人であるとわかるものを指します．どちらも重要な情報ですが，個人情報の氏名などはそれが知られても実害がなく，プライバシー情報は困るということは多いでしょう．その意味では，本来，保護すべきなのはプライバシー情報かもしれません．

しかし，プライバシー情報の範囲は曖昧です．ある個人がその情報はプライバシー情報と思えば，それはプライバシー情報となりえます．また，同じ人でも仕事中と私生活ではプライバシー情報は異なることもあります．法制度は曖昧な対象を保護することは難しいです．そこで，日本も属している経済協力開発機構，通称，OECD（Organisation for Economic Co-operation and Development）では，プライバシー情報と重なりが多く明確的にできる個人情報を保護することで，間接的にプライバシー情報を守る方法を提案して，日本を含む多くの先進国がその方法を取り入れています．つまり，個人情報保護法を含む個人情報の保護に関する法条例は，「個人情報」の適正な取扱いにより，プライバシー情報を含む個人の権利利益の保護を図るものと考えるべきです．

しかし，図 4.3 のようにプライバシー情報と個人情報は一致するわけではなく，特にプライバシー情報になるけど個人情報ではない

情報については保護されないことになり，個人情報絡みで問題となる事案，いわゆる炎上するのは，このプライバシー情報になるけど個人情報ではない情報が多いようです．また，プライバシー情報だけど個人情報ではない情報に関わる権利利益の侵害は民法上の侵害に対する救済を図ることになりますが，損害賠償訴訟などの負担が大きくなります．このため，個人に関わる情報を扱うときは，個人情報の観点だけでなく，プライバシー情報の観点でその情報を適切に扱うことが重要となります．

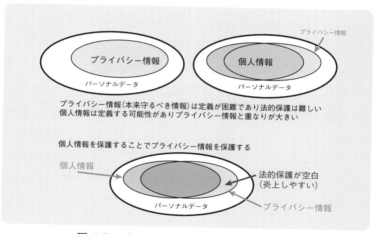

図 4.3 プライバシー情報と個人情報の関係

4.4　トラブルが起きてしまったら

　児童生徒自身が SNS などを含むネットワークサービスの使い方に気をつけていたとしても，トラブルに巻き込まれることがあります．　保護者は子供の抱えているトラブルを早めに気づくことが重要ですし，学校は子供や保護者から相談を受けたとき対応方法について予め調査・検討しておくことが求められます．例えば，不適切な情報がインターネット上に流れてしまったら，拡散状況の把握に努めてください．例えば，拡散した情報が掲載されたネットワークサービス，掲載が確認された日時，その情報の内容などを記録するといいでしょう．このとき，拡散させた者が特定できるのであれば，その者に削除を求めるのもひとつの方法です．ただし，強制力はありませんので，状況によっては警察に相談することとなります．また，拡散させている者が特定できない場合も多いと思いますが，拡散手段となっているネットワークサービス事業者などに削除措置や拡散者の特定を要求することができます．なお，このとき法的措置を求めることもできます．法的措置は，警察が犯罪捜査として対応するケースと，あくまでも民事事件として損害賠償請求などの法的請求を求めるケースがあります．また，自殺予告の書込みなどの緊急性が高い場合は可能な限り早い対応が求められます．速やかに警察に通報すべきです．

あとがき

　本書では，小中学校の新学習指導要領における情報活用能力について，情報系の研究者から解説を試みました．学習指導要領が改定されるたびに学校の現場では戸惑いがあるところでしょうが，その中でも情報活用能力に関しては指導項目が具体的とはいえず，さらに指導実績がある分野ではないことから，何を教えていいのかについて具体的なイメージがわかないのは当然だと思います．

　大学におけるコンピュータサイエンス系の学部または学科には授業科目などの標準がありますが，小中学校における情報活用能力についてはその指導内容は体系化されているとはいい難いです．従って，コンピュータそして情報活用能力については，児童生徒は何を身につけるべきか，どのように教えたらいいのかに関して定まっているとはいえない段階となります♠1．

　そもそも，コンピュータに関わる事項の指導は，従前の学習指導要領のようなスタイル，つまり大所高所から児童生徒に身につけるべき知識や能力を列挙してそれらを指導していくという方法は向いていないのかもしれません．コンピュータは道具に過ぎません．その意味ではハサミと同じです．ただ，こう書くと，ハサミの使い方を教えるように，コンピュータの使い方，例えばワープロや表計算の使い方を教えればいいと考えてしまいがちですが，本来，重要なのはコンピュータで何（what）をするのかであり，その使い方

♠1プログラミングに関しては基礎から実践まで体系的に教えるべきですが，小学校においてプログラミングを伴う学習は年に数回となるでしょうから，児童生徒は前回の学習を覚えているとは限らないと推測されます．

（how）ではありません．それは情報活用能力も同じであり，情報活用能力を活かして何をするのかが大切です．つまり，学習指導要領に示された知識や能力だけでなく，その知識や能力を活かす先，つまり何に使うのかをセットで考えるべきですが，学習指導要領では何に使うのかまでは示してくれていません．

　もちろん，コンピュータも道具である以上，その使い方を知ることも重要です．ただ，ここで留意して欲しいのは，そもそも児童生徒が知るべきことは未来において求められる知識や能力であり，現在求められる知識や能力ではないことです．例えば，スマートフォンを使いこなしてもパソコンは使えない児童生徒もいるでしょう．そうなると，普段パソコンを使っている大人たちは，児童生徒にパソコンの使い方，例えばワープロや表計算ソフトウェアの使い方を教えようと考えがちです．しかし，子供たちが大人になった頃は，ワープロは使われず，音声入力による文書作成が当たり前になっているかもしれません．データの集計も外部のデータと自動連携・計算となり，表計算ソフトウェアそのものが不要になっているかもしれません♠2．

　実際，コンピュータに関わる教育において一番の障害はコンピュータに対して旧態依然とした概念から脱却できない大人たちの存在です．従って，情報活用能力の指導内容を考えるときは，せめて比較的新しい概念や知見をもっていると期待される，若い教職員に思い切って一任する方がよい結果を生む可能性が高いでしょう．例えば，第4章でSNSにおける情報モラルについて紹介しました

♠2いまパソコンが使われているのは，いまの大人がパソコンしか使えないから，パソコンが残っていると考えるべきかもしれません．

が，普段から SNS を使いこなしている教職員でないと，SNS にお
けるどのような言動がトラブルになるのかはわからないでしょう．

　その若い教職員も，未来において求められる知識・能力が重要と
いわれても，未来は予見できないと考えている方もおられるでしょ
うが，それは情報学の研究者でも同じです．未来の情報技術は正確
に予見できるとは限りません．また，学習指導要領の取りまとめに
は時間がかかるため，日進月歩に進化するコンピュータに関わる事
項は，その学習指導要領による教育課程が始まった頃には時代遅れ
になっていることもありえます．そうなると，児童生徒が独力で学
ぶことを期待するしかありません．学習指導要領の情報活用能力で
教育項目として本来挙げるべきだったのは，情報活用能力の学び方
だったはずです．例えば，身近なシステムにおけるコンピュータの
使われ方を児童生徒自身が調べるのでもいいですし，書籍でプログ
ラミング言語の使い方を独学してみるのもいいでしょう．また，教
職員が児童生徒と一緒に身につけるべき知識を考えて，そしてそれ
を学んでいくのでもいいのかもしれません．

　最後に，まとめを兼ねて，情報活用能力に関わる教育に関する著
者の見解を書いておきます．本書の執筆準備を兼ねて，同要領にお
ける情報活用能力の指導項目や文部科学省が公表している関連資料
を情報学の研究者の視点で読むと，当惑する点が多かったというの
が正直な感想です．もちろん，新指導要領の情報活用能力がまとま
るまでには様々な議論や工夫があったはずですし，小学生や中学生
にわかるように指導するには，情報学の研究者の視点ではなく，教
育からの視点では適切という判断があったのだと解釈しております
が，教育からの観点におけるコンピュータと情報学の観点からのコ

ンピュータとは別物と考えた方がいいかもしれません．情報活用能力に関しては小学校の段階で指導することは肯定的に見ておりますが，一方，その中でもプログラミングに関しては違和感が残りました．

　もちろん，本書については執筆を依頼されたからには中立な立場で書かせていただきましたが，その違和感をもった背景について3点ほど書かせてもらいます．ひとつめはプログラミングは実現したいことを言語化することであり，比較的高度な言語能力や論理能力が必要であることです．言語能力や論理能力が十分でない段階でプログラミングを学んでも，身につかない可能性が高いと思われます．2つめは，そもそもプログラミングは手段であり，プログラミングを行う目的や動機がないのに手段だけを学んでも身につくとは限らないことです．動機はゲームを作りたいでも算数や他の宿題を早く終わらせたいでもいいのですが，何かを実現したいということがあると，その実現手段が身につきやすいはずです♠3．

　そして，3つめは，第3章のコラム（新学習指導要領のプログラミング的思考に欠けていること，68ページ）において書いたように，新学習指導要領は教職員など他人が与えた意図通りのプログラミングができる人材育成を想定しています．それは授業時間などを考えると仕方ないともいえますが，本来重要なのはプログラミングそのものではなく，解決すべき課題は何かと，その課題を解決するには

　♠3コンピュータに関わる仕事に従事している50歳代以上の世代は，小中学生の頃にはファミコンもなく，家庭などでテレビゲームをするにはパソコンにプログラミングするしかなかった世代といえて，テレビゲームをしたいためにプログラミングを覚えたという方は少なくないはずです．

どうすればいいのかを考える力のはずです．新学習指導要領のいい方を踏襲すれば，新学習指導要領をコンピュータで解決しようとすることは，誰かに指示された「意図」を実現するプログラムを作れる人材の育成にはなっても，その「意図」を考える人材を育てる指導内容になっていないのです．従って，保護者の方々で，お子さんに解決すべき課題は何か，その課題を解決するにはどうすればいいのかを考える能力を身につけて欲しいと考えているのであれば，新学習指導要領のプログラミング教育に期待すべきではありません．プログラミングという行為が人々の活動をよりよくするものであるのであれば，児童生徒には現実世界を観察して，どのような課題があるのか，プログラミングに限らずに，どうすればその課題を解決できるのかを考える習慣をつけてもらった方がよいでしょう．

ところで，新学習指導要領の影響を受けて，民間のプログラミング教室が人気だそうです．それ自体には価値があると考えますが，プログラミングは小中学生から始めないと身につかないということはありません．実際，職業プログラマには大人になってからプログラミングを始めた方も多いです♠4．従って，保護者は，プログラミングに限定せずに，小中学生のうちに体験した方がいいことや学んだ方がいいことを選んであげて，その機会をお子さんに与えるといいでしょう．

さて，本書はサイエンス社が発刊する Computer and Web Sci-

♠4一部の教室は低年齢からプログラミングを始めないとプログラミングは身につかないと主張されています．しかし，仮にその主張が正しいのであれば，パソコンなどがなかった時代に小中学生時代を過ごした世代でも有能なプログラマはたくさんいることが説明つかなくなります．

ences Library の 1 冊です．本ライブラリでは小中学校の情報教育
に関して多様な書籍が刊行されています．本書を端緒にして，本ラ
イブラリの書籍をお読みいただければ幸いです．

【謝辞】小中学校の情報教育を専門としない当方ではありますが，本
書の執筆のお誘いをお茶の水女子大学の増永良文名誉教授から頂き
ました．また，お茶の水女子大学附属小学校の神戸佳子先生と野萩
孝昌先生には有益なコメントをいただきました．この 3 名の先生に
はたいへん感謝します．サイエンス社の田島伸彦氏・足立豊氏には
原稿催促から，編集を含めてお手間をとらせてしまいました．この
場を借りて，御礼を申し上げます．

参考文献

1) 日本政府：日本再興戦略 2016，2016 年 6 月 2 日.
   https://www.kantei.go.jp/jp/singi/keizaisaisei/pdf/
   2016_zentaihombun.pdf
2) 文部科学省：次世代の教育情報化推進事業（情報教育の推進等に関する調査研究）成果報告書，情報活用能力を育成するためのカリキュラム・マネジメントの在り方と授業デザイン― 平成 30 年度 情報教育推進校（IE-School）の取組より―，文部科学省，2019 年.
3) 文部科学省：小学校プログラミング教育の手引（第三版）
   https://www.mext.go.jp/content/
   20200218-mxt_jogai02-100003171_002.pdf
4) 佐藤一郎：ID の秘密，丸善出版，2012 年.
5) 総務省：電気通信事業者 10 社の全受信メール数と迷惑メール数の割合（2020 年 9 月時点）.
   https://www.soumu.go.jp/main_content/000693529.pdf
6) 総務省：情報通信白書 平成 30 年度版，2019.
7) 小泉直樹，田村善之，駒田泰土，上野達弘（編）：別冊ジュリスト著作権判例百選 第 6 版（別冊ジュリスト No.242），有斐閣，2019 年.
8) 個人情報保護委員会：会員名簿を作るときの注意事項（個人情報保護法の改正に伴う対応について），2017 年 5 月.
   https://www.ppc.go.jp/files/pdf/meibo_sakusei.pdf

索　引

著者略歴

佐藤一郎
（さ とう いち ろう）

1996年　慶應義塾大学理工学研究科大学院計算機科
　　　　学専攻後期博士課程修了
　　　　日本学術振興会特別研究員（DC1），Rank
　　　　Xerox 客員研究員，お茶の水女子大学助
　　　　教授，科学技術振興事業団「さきがけ研究
　　　　21」研究員，国立情報学研究所助教授，総
　　　　合研究大学院大学助教授（併任），国立情
　　　　報学研究所副所長を経て
現　在　国立情報学研究所情報社会相関研究系教
　　　　授，総合研究大学院大学教授（併任）
　　　　博士（工学）
　　　　専門：コンピュータサイエンス（システム
　　　　ソフトウェア）

Computer and Web Sciences Library=1
コンピュータのしくみ
情報活用能力とは何かを考える

2021 年 9 月 10 日 ⓒ　　　　　　初 版 発 行

著　者　佐藤一郎　　　　　発行者　森平敏孝
　　　　　　　　　　　　　印刷者　小宮山恒敏

発行所　　　**株式会社　サイエンス社**
〒151-0051　東京都渋谷区千駄ヶ谷1丁目3番25号
営 業　☎(03)5474-8500(代)　振替 00170-7-2387
編 集　☎(03)5474-8600(代)
FAX　☎(03)5474-8900

印刷・製本　小宮山印刷工業（株）
≪検印省略≫

ISBN 978-4-7819-1514-2

PRINTED IN JAPAN

サイエンス社のホームページのご案内
https://www.saiensu.co.jp
ご意見・ご要望は
rikei@saiensu.co.jp　まで．